DE LA STRUCTURE INTIME

ET DES FONCTIONS

DU SYSTÈME NERVEUX CENTRAL

DES CRUSTACÉS DÉCAPODES

PAR

ÉMILE YUNG

Préparateur à l'Université de Genève.

THÈSE

PRÉSENTÉE A LA FACULTÉ DES SCIENCES DE L'UNIVERSITÉ DE GENÈVE

POUR OBTENIR LE GRADE

DE DOCTEUR ÈS SCIENCES NATURELLES

PARIS

TYPOGRAPHIE A. HENNUYER

RUE D'ARCET, 7

1879

DE LA STRUCTURE INTIME

ET DES FONCTIONS

DU SYSTÈME NERVEUX CENTRAL

DES CRUSTACÉS DÉCAPODES

PAR

ÉMILE YUNG

Préparateur à l'Université de Genève.

THÈSE

PRÉSENTÉE A LA FACULTÉ DES SCIENCES DE L'UNIVERSITÉ DE GENÈVE

POUR OBTENIR LE GRADE

DE DOCTEUR ÈS SCIENCES NATURELLES

PARIS

TYPOGRAPHIE A. HENNUYER

RUE D'ARCET, 7

1879

A MON MAITRE

MONSIEUR LE PROFESSEUR CARL VOGT

A

MONSIEUR LE PROFESSEUR H. DE LACAZE-DUTHIERS
MEMBRE DE L'INSTITUT DE FRANCE.

A MESSIEURS

GOLDSCHMIDT, à Paris.

CH. DE MARIGNAC, professeur à Genève.

Rév. GEORGE MARSH.

HOMMAGE DE RECONNAISSANCE.

RECHERCHES

SUR

LA STRUCTURE INTIME ET LES FONCTIONS

DU SYSTÈME NERVEUX CENTRAL

CHEZ

LES CRUSTACÉS DÉCAPODES

Si le développement incessant des sciences biologiques et le nombre toujours croissant de leurs adeptes sont certainement des causes de joie pour le philosophe, elles deviennent en même temps, il faut l'avouer, des sources d'inquiétude pour le commençant.

Devant cette masse imposante de connaissances acquises et de résultats obtenus, il semble, au premier abord, qu'il soit difficile, à l'heure qu'il est, de trouver un champ libre pour des recherches nouvelles. C'est là une impression générale. Il s'est passé, dans la poursuite de la vérité, une sélection analogue à celle que nous offre la nature, sélection en vertu de laquelle les faits les plus simples et les plus aisés à percevoir ont été les premiers mis au jour, tandis que les détails minutieux sont demeurés dans l'obscurité.

Ceci est vrai pour quelques branches de nos connaissances ; mais cette apparence ne se trouve pas toujours confirmée par un examen ultérieur, et, en étudiant les choses de plus près, on finit par se convaincre que, quelque grande que soit la somme des faits positifs acquis à la science, elle est bien petite encore par rapport à celle des faits douteux ou inconnus.

La physiologie des animaux inférieurs, pour en citer un exemple, est presque encore tout entière à écrire. Nous ne possédons que des faits isolés, des renseignements épars sur les fonctions vitales chez les Invertébrés. Il y a là une voie très large ouverte, dans laquelle

1

quelques esprits distingués se sont élancés avec ardeur et ont fait
quelques bonnes récoltes. Nous avons été tenté par leur exemple, et
nous avons entrepris, l'année dernière, dans le laboratoire de Roscoff,
quelques expériences sur la physiologie du système nerveux chez les
Crustacés supérieurs. Mais à peine avions-nous commencé nos vivisections sur les crabes et les Homards, si abondants et si faciles à se
procurer à Roscoff, que nous nous aperçûmes combien une saine
physiologie doit absolument reposer sur une connaissance approfon-
die de l'anatomie. C'est ce qui nous conduisit à étudier d'une manière
détaillée l'histologie des centres nerveux des Décapodes sur lesquels
nous avions l'intention d'opérer.

Nous fûmes d'autant plus encouragé dans cette voie que nous ren-
contrâmes, dans le laboratoire de Roscoff, tous les instruments et les
réactifs nécessaires à un travail aussi minutieux.

Ce n'est pas une petite fortune, pour un jeune naturaliste, que
d'être admis sous ce toit hospitalier de Roscoff, où, en face d'une nature abondante qui vous attire sans cesse par de nouvelles merveilles,
et au milieu de charmants collègues, dans le commerce desquels on
se sent constamment stimulé, on peut poursuivre librement des recherches originales, pour lesquelles chaque travailleur rencontre les
ressources qu'exige l'état actuel de la science.

Aussi est-ce un doux devoir pour nous que d'exprimer à l'éminent
directeur du laboratoire de Roscoff, M. le professeur de Lacaze-Duthiers, toute la reconnaissance que nous lui conservons pour la libé-
ralité avec laquelle il nous a admis dans son précieux établissement
et pour les excellents conseils qu'il nous a prodigués.

Nous ne nous dissimulons pas tout ce que notre travail a encore
d'incorrect et d'incomplet. C'est en le rédigeant que nous nous sommes
aperçu combien de questions nouvelles ont surgi comme conséquence
des connaissances que nous avions acquises. C'est la marche ordinaire
du travail scientifique : la solution d'un problème appelle un problème nouveau.

Quoi qu'il en soit, nous espérons ne pas avoir fait des efforts inutiles en appelant l'attention des naturalistes sur un champ trop peu
cultivé et en leur faisant part, dès maintenant, des résultats obtenus
dans une direction où nous avons l'intention de poursuivre des recherches de plus longue haleine.

La nature même de ce travail sur l'anatomie et la physiologie du
système nerveux nous a engagé à le donner en trois chapitres, dont

l'un comprendra l'exposé de la structure intime, le second les fonctions, et le troisième un résumé des faits qu'il nous a été donné d'observer sur la composition chimique du tissu nerveux.

I

COMPOSITION HISTOLOGIQUE DE LA CHAINE GANGLIONNAIRE CHEZ LES CRUSTACÉS SUPÉRIEURS.

Chacun sait que, depuis fort longtemps, on s'est assuré que les éléments que nous nommons les *nerfs* ne sont pas des masses compactes et homogènes, mais que l'examen microscopique a fait découvrir dans le tissu nerveux deux sortes d'éléments : des *cellules* localisées dans les centres et des *fibres* périphériques auxquelles Leuwenhoeck avait donné le nom de *tubes nerveux*, à cause du double contour qu'elles présentent.

Il ne semble pas que l'illustre Hollandais se soit attaché à l'étude de ces éléments chez les animaux invertébrés, et ce n'est que dans notre siècle qu'une pareille étude a été entreprise d'une façon systématique. Mais, avant d'entrer dans le détail de la structure intime, il nous semble utile de rappeler brièvement la disposition générale du système nerveux chez les Crustacés, disposition sur laquelle il faut remonter jusqu'à Willis pour avoir les premières notions.

Rœsel, qui le premier donna une description de la chaîne abdominale chez l'Ecrevisse, s'y trompa de telle manière qu'il la prit pour un vaisseau sanguin. Peu après, Swammerdam, dans sa *Bible de la nature*, donne quelques détails bien incomplets sur le système nerveux central du Bernard-l'Ermite.

Il faut arriver jusqu'à Cuvier pour trouver quelques notions précises sur le point qui nous occupe. Dans ses *Leçons d'anatomie comparée*, il décrit d'une manière exacte, mais abrégée, le système nerveux du Carcin, de l'Ecrevisse, du Cloporte, et il fournit par là une base pour des recherches ultérieures.

Ces recherches furent celles d'Audoin et Milne-Edwards, dont le travail célèbre parut en 1828 dans les *Annales des sciences naturelles*. Plus tard, le second de ces auteurs donna, dans son *Histoire naturelle des Crustacés*, quelques vues d'ensemble, résultant de la comparaison du système nerveux dans les différents ordres de cette classe, et il établit d'une manière générale l'anatomie comparée de ce système. Nous renvoyons le lecteur à ce travail et aux *Leçons sur l'anatomie et la physiologie comparée* du même auteur, pour de plus amples détails sur cette histoire[1].

Chez tous les Crustacés, le système nerveux central est constitué par une chaîne ganglionnaire courant, le long de la ligne médiane, sur la face ventrale du corps. Cette chaîne commence par être composée de deux moitiés qui, chez les groupes inférieurs, demeurent distinctes pendant toute la vie, chaque ganglion étant relié à son voisin par une commissure transversale (cette disposition est très visible chez l'Apus, le Talitre, etc.), et qui, chez les supérieurs, se soudent en s'accolant plus ou moins intimement l'une contre l'autre dans le sens transversal après la phase embryonnaire.

Comme nous le verrons plus tard, il n'en est aucun dont la soudure des deux cordons médullaires primitifs soit complètement effectuée, et même chez les Homards, Langoustes et autres types très supérieurs, une lamelle de tissu conjonctif persiste au milieu de la chaîne, et la divise, sur une coupe horizontale, en deux parties bien distinctes.

En outre, il est toujours différents points, sur la longueur de la chaîne abdominale, où la soudure des deux portions de la chaîne n'a pu s'effectuer à cause du passage d'autres organes.

C'est ainsi qu'entre le premier et le second ganglion les connectifs qui les unissent sont tenus à distance par le passage de l'œsophage. De la même manière, d'autres portions de la chaîne peuvent être percées pour laisser passer l'artère sternale.

Cette concentration des masses nerveuses dans le sens transversal trouve son analogue dans le sens longitudinal. Si primitivement la chaîne ganglionnaire est composée d'un nombre de ganglions correspondant au nombre de segments du corps, il peut se faire que, par un rapprochement et un raccourcissement considérables des connectifs reliant entre eux ces différents ganglions, ils se fusionnent plus ou moins intimement en un nombre de masses nerveuses plus ou moins considérable.

Chez les types inférieurs, nous trouvons les divers ganglions de la chaîne abdominale tous à peu près situés à des distances égales ; mais, si nous remontons l'échelle, nous constaterons une réduction du nombre total et un rapprochement des ganglions dans certaines régions.

[1] H. Milne-Edwards, *Histoire naturelle des Crustacés*, t. I, p. 120. Paris, 1834. — Id., *Leçons sur la physiologie et l'anatomie comparée*, t. XI, p. 169, Paris, 1874.

Cette tendance à la centralisation apparaîtra d'une manière très nette si, comme l'a fait le premier M. Milne-Edwards, nous comparons entre elles les chaînes ganglionnaires du Homard et du Palémon. Chez le dernier de ces animaux, la concentration des ganglions est très manifeste dans la région thoracique, tandis qu'ils sont encore bien distincts chez le premier. Chez la Langouste, que nous avons également étudiée, tous les noyaux médullaires du thorax sont soudés pour ne former qu'une seule masse. Ces faits nous aident à comprendre ce qui se passe chez les Crabes, où la centralisation est poussée à son plus haut degré dans cet énorme ganglion thoracique percé en son milieu, chez la plupart des espèces, pour livrer passage à l'artère sternale.

Il faut bien remarquer que les différents ordres de la classe des Crustacés nous présentent à peu près toutes les formes de passage et que les recherches embryologiques confirment encore la justesse de ces relations.

Nous verrons plus loin combien il est important de tenir compte de cette centralisation du système nerveux central dans l'interprétation de la structure histologique, où nous devrons reconnaître une grande analogie chez les divers Crustacés, malgré les différences qui apparaissent à première vue.

Dans la description générale qui va suivre, nous ne nous occuperons que des *Malacostracés décapodes*, les seuls sur lesquels aient porté nos observations. Ils ont été divisés en trois groupes : les Macroures les Anomoures et les Brachyures. Nous ne nous sommes occupé que du premier et du troisième de ces groupes, et parmi les genres qui les composent nous avons limité notre choix à un ou deux types, quitte, comme nous l'indiquerons plus loin, à demander des renseignements à d'autres espèces, lorsque nous eûmes reconnu que ces espèces présentaient quelque avantage pour éclairer une question en litige.

Parmi les Macroures, nous avons plus particulièrement choisi comme objet d'étude le Homard (*Homarus vulgaris*), la Crevette ou *Palémon* (*Palæmon serratus*) et notre Ecrevisse d'eau douce (*Astacus fluviatilis*). Quant aux Brachyures, ce sont surtout le Crabe ordinaire (*Cancer menas*), l'Etrille ou Crabe espagnol (*Portunus puber*), l'Araignée de mer (*Maia squinado*) et le Tourteau (*Cancer paragus*) qui en ont fait les frais.

Chez les premiers, la chaîne ganglionnaire commence sur la face frontale, un peu en arrière des yeux, par un gros ganglion facile à découvrir. Sa forme est celle d'un ovale plus ou moins déformé par le départ des nerfs qui y prennent naissance. Sa face inférieure est généralement bosselée ou aplatie, comme chez la Langouste, l'antérieure verticale, la supérieure plus ou moins oblique, en sorte qu'une coupe sagittale a une forme assez irrégulière, qui rappelle de loin celle d'un triangle. Quoiqu'il résulte, comme M. Milne-Edwards l'a fait voir, de l'union de trois masses nerveuses, on lui donne généralement le simple nom de *ganglion sus-œsophagien* ou *cerveau*. « A raison de la multiplicité des nerfs qui en partent et de diverses considérations théoriques, dit l'illustre auteur que nous venons de citer, je n'hésite pas à regarder ce foyer nerveux, auquel on applique souvent le nom de *cerveau*, comme étant formé de trois paires de ganglions primordiaux, savoir : une paire dépendant de l'anneau ophthalmique et donnant naissance aux nerfs optiques, ainsi qu'aux nerfs moteurs des tiges oculaires ; une paire dépendant de l'anneau antennulaire, et une paire dépendant de l'anneau antennaire[1]. »

Quoi qu'il en soit, ce ganglion donne naissance à sept paires de nerfs, dont Owsjannikow[2] a donné une description. Ces paires sont les suivantes :

1° Les nerfs des organes frontaux ;

2° Les nerfs optiques, qui sont relativement volumineux et qui partent du bord antérieur et supérieur du ganglion ;

3° Les nerfs oculo-moteurs, beaucoup plus grêles que les précédents et prenant naissance un peu au-dessous ;

4° Les nerfs des antennes internes, partant du bord antérieur et inférieur du ganglion ;

5° Les nerfs des antennes externes, partant des faces latérales du cerveau ;

6° Une paire de nerfs assez volumineux, qui se divisent en nombreux rameaux difficiles à suivre. La plus grande partie de ces ramifications se rendent certainement dans les téguments de la partie antérieure du corps. Il résulte toutefois de nos observations qu'une autre partie des fibres qui en partent se rendent aux muscles des antennes externes. Comme l'indique le titre de ce travail, nous avons

---

[1] Voir MILNE-EDWARDS, *Leçons*, etc., t. XI, p. 177.

[2] OWSJANNIKOW, *Ueber die feinere Structur des Kopfsganglions bei den Krebsen*, in *Mémoires de l'Académie impériale des sciences de Saint-Pétersbourg*, 7e série.

surtout en vue la structure du système nerveux central. Nous abrégerons par conséquent tout ce qui concerne les nerfs périphériques. Les détails de leur étude trouveront place dans un autre mémoire.

7° Enfin, un peu au-dessus des nerfs pour les antennes internes, on voit partir une petite paire de nerfs qu'on peut poursuivre jusque dans les muscles de ces mêmes antennes. Ils en seraient les nerfs moteurs par excellence.

Les nerfs que nous avons mentionnés comme constituant la quatrième paire sont probablement des nerfs mixtes, et le nom de *nerfs auditifs*, que Leydig et quelques autres auteurs leur avaient donné, est très vraisemblablement juste, car on peut poursuivre un petit filet de ces nerfs jusque dans le voisinage de l'organe de l'ouie, situé à la base de l'antenne interne, tandis que la plus forte portion continue vers les extrémités, où ils servent sans doute à quelque sensation tactile[1].

De chaque côté de la région postérieure du ganglion céphalique part un gros cordon nerveux qui aboutit au côté correspondant du premier ganglion thoracique. Ces cordons, séparés le long de leur parcours par l'œsophage, ont reçu le nom d'*anneau œsophagien*. Cet anneau est très caractéristique en ce sens qu'il existe chez la plupart des Arthropodes et des Mollusques supérieurs. Sa longueur est assez considérable chez le Homard et la Langouste, beaucoup moindre chez le Palémon.

Dans son trajet et un peu en avant de l'œsophage, se remarque, de chaque côté, un petit renflement donnant naissance à un nerf dit *stomato-gastrique*, qui va se ramifier dans différents organes.

Ce nerf paraît jouer un rôle considérable dans le fonctionnement des organes de la vie organique, et il a donné lieu à des discussions et à des rapprochements que nous devons rappeler.

On se souvient sans doute comment Lyonnet, dans sa fameuse *Anatomie de la Chenille du saule (Cossus ligniperda)*, décrivit, sous le nom de *brides épinières*, de petits noyaux et des filets nerveux qu'il distingua au-dessus de la moelle abdominale. Ce sont ces éléments nerveux qui furent retrouvés plus tard par Newport chez le Sphynx du troëne (*Sphynx ligustri*), et, depuis cet observateur célèbre, ils sont connus sous le nom de *système surajouté*. Enfin, ce sont eux que M. Blan-

---

[1] Voir E. Berger, *Untersuchungen über den Bau des Gehirns und der Retina der Arthropoden*, in *Arbeiter aus dem Zool. Inst. der Universitæt Wien*, H. II, 1878.

chard[1] retrouva chez la plupart des Insectes et qu'il considéra, en même temps que quelques autres auteurs, comme l'homologue du grand sympathique des animaux vertébrés. Ils constituent, au-dessus de la chaîne abdominale, une couche nerveuse émettant, de chaque côté du corps, des filets nerveux, dont une partie va se fusionner avec les nerfs émanant des ganglions abdominaux, et une autre partie se ramifie dans les muscles des orifices respiratoires.

On a cherché à établir l'homologie de ce système grand sympathique chez tous les animaux articulés, mais chez les Crustacés il n'y a rien qui puisse lui être comparé. Il est vrai que certains auteurs ont voulu considérer les fibres qui s'étalent dans la partie supérieure de chaque ganglion chez le Homard et l'Ecrevisse comme un reste du système surajouté des Insectes, mais cette opinion a été définitivement réfutée.

Toutefois, si un homologue du grand sympathique n'existe pas, cela ne signifie pas que les Crustacés soient dépourvus de nerfs spéciaux pour les organes de la vie organique. C'est précisément au point où nous en sommes de l'anneau œsophagien que naissent les nerfs dont Succow[2] nous a le premier donné une description et qui, depuis les travaux de MM. Milne-Edwards[3], Brandt[4] et surtout Lemoine[5], ont acquis une importance incontestable.

Sans entrer dans les détails que l'on trouvera dans le mémoire de ce dernier auteur, nous rappellerons seulement que ce savant a montré les relations qui existent entre le nerf irradiant de la commissure œsophagienne et d'autres ganglions ayant deux ou peut-être trois origines diverses :

1° Une origine cérébrale antérieure ;

2° Une origine postérieure, qui a pour point de départ un petit ganglion spécial surajouté au dernier ganglion abdominal.

« Cette portion postérieure, qui, à notre connaissance, dit l'auteur, n'a pas encore été décrite chez les Crustacés, correspondrait aux

---

[1] Blanchard, *Du grand sympathique chez les animaux articulés,* in *Ann. des sc. nat.,* 4ᵉ série, t. X, p. 5.

[2] Succow, *Recherches sur les Crustacés,* 1818. Nous n'avons pas réussi à nous procurer ce travail. — Cuvier (*Anatomie comparée,* t. III, p. 328) mentionne ces nerfs et indique une partie de leur parcours.

[3] Milne-Edwards, *Histoire naturelle des Crustacés,* t. I, p. 136.

[4] Brandt, *Ann. des sc. nat.,* 1836, p. 88.

[5] Lemoine, *Ann. des sc. nat.,* 5ᵉ série, t. IX, 1868, p. 204.

nerfs génito-splanchniques découverts par M. Faivre chez les Insectes. »

3° Enfin quelques filaments partant de la quatrième paire ganglionnaire et se rendant à l'artère sternale.

Ce n'est pas ici le lieu d'entrer dans la description de ces diverses connexions, qui ne nous ont occupé qu'accessoirement. Nous avons tenu à les mentionner pour être complet et pour dire que nous les avons attentivement poursuivies chez le Homard, où nous avons pu nous convaincre de l'exactitude de la description qu'en a donnée Lemoine chez l'Ecrevisse. Elles ont cette importance-ci qu'elles montrent chez les Crustacés l'existence d'un système nerveux compliqué qu'on peut au point de vue de ses relations avec les organes comparer au grand sympatique des Insectes, quoi qu'il ne lui soit pas homologue. Nous aurons du reste l'occasion de revenir sur l'une des origines dont nous venons de rappeler l'existence en décrivant le dernier ganglion de la chaîne abdominale.

Immédiatement en arrière de l'œsophage et en partie accolée contre sa paroi inférieure, il existe une commissure transversale signalée pour la première fois en 1828 par Audoin et Milne-Edwards, et que l'on peut considérer comme ayant pour but d'unir les deux renflements que nous avons mentionnés.

Quant aux ganglions thoraciques, ils sont rarement très distincts. Le premier résulte généralement, comme nous le verrons plus loin, de la réunion de plusieurs paires. Il envoie des nerfs aux muscles des mandibules, à la première et à la deuxième paire de mâchoires, aux deux paires de pattes mâchoires, aux muscles et aux téguments du corps, enfin aux muscles du thorax.

Nous conserverons dans tout ce qui suivra le nom de *commissure* pour l'ensemble des fibres transversales qui réunissent les masses ganglionnaires de gauche à droite et *vice versá*, et le nom de *connectif* pour les fibres qui opèrent cette union des ganglions dans le sens longitudinal.

Entre les ganglions, le long des connectifs, part de chaque côté sur le même niveau un petit filet nerveux qui se rend directement en haut et se ramifie dans les muscles du thorax.

Les autres ganglions thoraciques envoient leurs nerfs aux pattes locomotrices.

Les ganglions abdominaux sont en général plus petits que les précédents, ils fournissent chacun deux paires de nerfs dont l'une se rend dans les pattes correspondantes et l'autre aux muscles de l'abdomen. Le dernier ganglion donne naissance à quatre paires de nerfs qui se ramifient dans les muscles des diverses palettes caudales et dans ceux du dernier anneau abdominal.

Les connectifs des ganglions abdominaux sont extérieurement simples, quoiqu'ils portent la trace de leur division primitive. Chacun d'eux donne naissance à peu près dans le milieu de sa longueur à deux petits filets nerveux qui se ramifient dans les muscles de la partie médiane et supérieure de l'abdomen.

Chez le Homard et l'Ecrevisse on compte un ganglion cérébroide, six ganglions thoraciques et six ganglions abdominaux. Chez le Palémon les ganglions thoraciques sont ramassés en une longue masse ovalaire.

En résumé, dans son ensemble, la chaîne ganglionnaire des Macroures peut être comparée à la chaîne nerveuse centrale des Vertébrés, mais elle s'en distingue par sa composition histologique et par quelques-unes de ses fonctions.

Chez les Brachyures la concentration du système nerveux atteint son plus haut degré. Il n'est plus composé que de deux masses : l'une frontale, correspondant au ganglion cérébroïde des Macroures; l'autre thoracique, résultant de l'agglomération et de la soudure intime des différents ganglions thoraciques.

Le ganglion céphalique est rectangulaire, convexe sur sa face supérieure (Cancer menas), plan ou légèrement convexe (Maia) sur sa face inférieure. Chez ce dernier, la convexité de la face inférieure est toujours moins prononcée que celle de la face supérieure.

Il donne naissance à sept paires nerveuses comme chez le Homard (nous n'avons pas réussi à mettre en évidence la septième paire chez le Cancer menas). Ces nerfs sont d'épaisseur variable et se rendent dans les mêmes parties, comme nous l'avons indiqué chez le Homard.

Le ganglion cérébroïde est également réuni au ganglion thoracique au moyen de deux forts cordons nerveux qui constituent l'anneau œsophagien, à propos duquel nous pourrions répéter tout ce que nous en avons dit chez les Macroures. « Les deux cordons nerveux, dit M. Milne-Edwards, qui naissent du bord postérieur du ganglion céphalique et qui l'unissent à la masse médullaire du thorax fournissent des nerfs qui se distribuent aux muscles des mandibules et aux parois de l'estomac. L'un de ceux-ci est remarquable, car en se réunissant avec celui du côté opposé, au-devant de l'estomac, il présente un petit renflement ganglionnaire d'où part un long nerf récurrent impair qui se porte sur la face supérieure du tube digestif.

Cette disposition rappelle celle du système nerveux de certains insectes où il existe au-dessus de l'estomac une petite chaîne formée par la réunion de deux nerfs récurrents. »

Comme chez les Macroures, on rencontre en arrière de l'œsophage une commissure transversale.

La masse nerveuse thoracique est beaucoup plus considérable, que celle du cerveau ; elle résulte de la fusion poussée à un très haut degré de toutes les masses ganglionnaires du thorax et de l'abdomen. Elle est généralement percée (sauf chez le Maia) en son milieu, pour donner passage à l'artère sternale. C'est de cette masse nerveuse que partent les nerfs du thorax et de l'abdomen, au nombre de neuf paires. Ils se ramifient, peu après leur point de départ, dans toutes les directions, et vont se rendre aux mandibules, aux mâchoires proprement dites, aux pattes mâchoires, aux téguments, aux pattes locomotrices et aux muscles de l'abdomen.

Un nerf impair descend de la partie inférieure du ganglion thoracique, le long de la ligne médiane, et se ramifie dans l'abdomen.

Malgré les grandes différences apparentes qui existent dans l'ensemble du système nerveux entre les Macroures et les Brachyures, elles ne sont dues, nous le répétons, qu'à un tassement, pour ainsi dire, de la chaîne ganglionnaire dans le sens transversal.

Après ce rapide coup d'œil sur l'ensemble du système nerveux dans les deux groupes dont nous nous sommes surtout occupé, nous allons exposer nos recherches sur la structure intime du tissu nerveux.

HISTORIQUE. — Parmi les nombreux travaux dont l'histologie du système nerveux des Invertébrés a été l'objet, nous ne rappellerons que ceux qui renferment des notions sur les Crustacés.

En 1836, Ehrenberg[1] mentionne les tubes nerveux de la chaîne abdominale, et les considère comme renfermant une substance analogue à celle contenue dans leurs homologues chez les Vertébrés, la substance médullaire.

---

[1] EHRENBERG, *Beobachtung einer bisher inerkannten Structur der Seelesorganes,* Berlin, 1836.

Six ans plus tard, Helmholtz [1], dans sa dissertation inaugurale, traite de la structure du système nerveux des Invertébrés d'une manière plus détaillée. Nous ne connaissons son travail que par le résumé qu'en a donné von Siebol dans les *Archives* de Müller, en 1844. L'auteur nie absolument toute ramification des fibres nerveuses primitives, et combat l'opinion émise par Newport, que certaines de ces fibres peuvent passer dans un ganglion sans s'y arrêter, se contentant de passer au-dessus pour atteindre d'autres ganglions plus éloignés.

Il faut arriver à l'année 1843 pour trouver un travail spécial sur l'histologie des nerfs chez un Crustacé. Il est dû à Remak [2], et c'est l'Ecrevisse d'eau douce qui en fut l'objet. Dans ce mémoire, l'auteur décrit fort bien les tubes nerveux de la chaîne abdominale, et appuie particulièrement sur la présence, à l'intérieur des plus gros de ces tubes, d'une substance finement striée dans le sens longitudinal. Ce qui fait surtout l'importance de ce mémoire, ce sont les ressemblances que Remak croit pouvoir établir entre les éléments nerveux de l'Ecrevisse et ceux des animaux vertébrés.

En 1857, Hæckel [3] reprend la même étude, et entre dans des détails en général exacts. Il indique les modifications que présentent les éléments nerveux sous l'action de certains réactifs, et il explique par là beaucoup d'erreurs qui s'étaient glissées dans la science, à la suite de recherches trop hâtives. Il cherche en outre à reconnaître les rapports qui doivent exister entre les cellules d'un ganglion et celles des ganglions voisins. Il affirme enfin d'une manière positive que les fibres nerveuses ne sont pas simples dans toute leur longueur, mais qu'elles peuvent se ramifier. Ces ramifications s'effectuent surtout dans les points d'émergence des nerfs.

Quelques années plus tard, Owsjannikow [4] publia ses études sur le système nerveux du Homard. Nous aurons à les mentionner à plusieurs reprises, en exposant nos propres recherches. On rencontre, pour la première fois dans cette étude un essai de description topographique des masses ganglionnaires, et principalement des ganglions abdominaux.

[1] HELMHOLTZ, *De fabrica systematis nervosi evertebratorum*, Berlin, 1842.

[2] REMAK, *Ueber den Inhalt der Nerven primitivrohren*, in *Müller's Archiv*, 1843. p. 197.

[3] HÆCKEL, *Ueber die Gewebe des Flüsskrebses*, in *Müller's Archiv*, p. 469.

[4] OWSJANNIKOW, *Recherches sur la structure intime du système nerveux des Crustacés et principalement du homard.*, in *Mém. de l'Acad. des sc. de Saint-Pétersbourg*, 1864, t. XI, et *Ann. des sc. nat.*, 4ᵉ série, 1861.

Enfin Victor Lemoine[1], en 1868, pousse plus loin qu'aucun de ses prédécesseurs l'étude minutieuse du système nerveux chez l'Ecrevisse. C'est à notre connaissance le travail le plus complet que nous possédions, et il nous a surtout servi de base pour nos recherches.

Depuis cette époque, il a paru en Allemagne un assez grand nombre de travaux sur la structure du cerveau chez les Arthropodes. Quelques-uns d'entre eux ont une importance réelle, mais ont porté en général sur le cerveau des Insectes, et sortent par conséquent du cadre que nous nous sommes tracé. Toutefois on trouve dans le travail de Dietl[2], qui remonte à l'année 1876, quelques indications sur le cerveau de l'Ecrevisse, et, dans un tout récent mémoire d'Emile Berger[3], des figures concernant le cerveau de la Langouste. Nous avons utilisé ces différents travaux, et nous y reviendrons avec plus de détails en parlant du cerveau.

TECHNIQUE.— La méthode de recherches a une importance primordiale en histologie, et nous devons avouer que nous nous sommes si souvent induit en erreur dans le cours de ces recherches, que nous pensons nécessaire de faire profiter nos successeurs des observations que nous avons pu faire sur les causes de ces erreurs.

En règle générale, elles sont toujours dues au fait que les histologistes se sont trop souvent permis des descriptions d'éléments retirés de tissus morts ou traités par des réactifs divers. Rien n'est moins étonnant que les discussions qu'ont entre eux ces savants, si l'on réfléchit aux difficultés qu'éprouvent deux observateurs à se placer exactement dans les mêmes conditions d'examen. Afin d'obvier à ces désagréments, nous avons toujours eu soin d'étudier les tissus tout à fait frais, retirés immédiatement de l'animal vivant et portés sous le microscope dans un liquide ne pouvant avoir aucune action sur eux. Nous avons recouru pour cela au sang de l'animal lui-même. C'est dans le sang que nous opérions la dilacération aussi rapidement que possible et que nous conservions les éléments pendant l'observation.

Pour obtenir du sang d'un Crabe ou d'un Homard il suffit de lui casser une pince ou une patte : il s'écoule bientôt de la blessure une certaine quantité de liquide que l'on recueille dans un petit flacon

---

[1] LEMOINE, *loc. cit.*

[2] DIETL, *Die Organisation des Arthropodengehirns*, in *Zeitschr. für wiss. Zool.*, t. XXVII, p. 488.

[3] BERGER, *loc. cit.*

fermé à l'émeri, dont le bouchon porte un prolongement de verre.

On peut encore blesser l'animal sur la face dorsale, au-dessus du cœur : on obtiendra de cette manière une plus grande quantité de sang ; mais il faut avoir soin, dans ce dernier cas, de bien essuyer la carapace, afin que le sang, en s'écoulant, ne se mélange pas au liquide qui la mouille ordinairement. Dans le cas où, la recherche étant prolongée, le sang ferait défaut, on peut sans inconvénient prendre un autre liquide animal, tel que la salive. C'est ainsi que les tubes nerveux du Homard se maintiennent parfaitement intacts et transparents dans l'humeur aqueuse des yeux de poisson. Nous l'avons expérimenté avec les énormes yeux de l'*Orthogoriscus mola*. Dans le cas où on récolte une forte provision de cette humeur, on peut la conserver et s'en servir pendant quelques jours, à condition de la tenir dans un flacon bien fermé et laissant flotter dessus un petit morceau de camphre.

L'iodsérum est également un liquide qui peut rendre de bons services ; mais nous lui avons généralement préféré, comme liquide conservateur, l'alcool au tiers, préconisé par M. Ranvier[1]. Il est bien plus avantageux, comme l'indique ce savant histologiste, que le chloroforme, le collodion et autres liquides semblables.

La plupart des auteurs décrivent le contenu des tubes nerveux des Crustacés comme constitué par une masse tenant en suspension une substance finement granuleuse. Nous le tînmes nous-même pour tel jusqu'à ce que nous nous aperçûmes que ces granulations ne sont pas normales et ne se manifestent qu'à la suite de phénomènes osmotiques à travers la paroi du tube. C'est ainsi qu'elles apparaissent après un séjour très court du tube dans un liquide moins dense que celui qui le remplit, l'eau par exemple.

A cet égard, l'eau distillée est très active, et donne rapidement un aspect nuageux au contenu du tube ; il en est de même de l'eau ordinaire et de l'eau de mer. Toutefois cette dernière, plus dense que les deux premières, retarde l'apparition des granulations ; elle devra donc être préférée à l'eau distillée pour les éléments nerveux des Crabes, Homards et autres Crustacés marins.

Nous devons rapprocher cette observation sur l'action de l'eau de celles de M. Ranvier, qui a montré comment des fibres nerveuses, plongées dans une solution de sel à 1 pour 200, conservent leurs pro-

---

[1] RANVIER, *Traité technique d'histologie*, p. 722.

priétés physiologiques beaucoup plus longtemps (après vingt minutes) que celles plongées dans l'eau pure [1].

En général, le passage de l'eau à travers les parois du tube augmente le volume de son contenu, et le fait déborder par les deux extrémités coupées, où il apparaît comme des gouttelettes revêtant des formes très diverses et présentant elles-mêmes un aspect granuleux. Elles sont souvent parfaitement sphériques, d'autres fois ovalaires, et renferment, comme Hæckel l'a déjà dessiné, des gouttelettes plus petites, irrégulièrement distribuées dans leur intérieur.

Il faut mentionner ici que ces gouttelettes apparaissent quelquefois sur les parois du tube nerveux, en sorte qu'on pourrait supposer l'existence en ces points de fissures dans l'épaisseur de la gaîne. Ces apparences avaient un intérêt particulier depuis les travaux de Schmidt, Lantermann et F. Boll, sur les incisures de la gaîne de Schwann des nerfs de Vertébrés. Aussi avons-nous apporté à leur étude un soin tout particulier, et devons-nous dire que les résultats de cette recherche sont purement négatifs. Nous n'avons pas pu constater d'une manière permanente sur la gaîne des tubes nerveux des Invertébrés des incisures analogues à celles figurées par les auteurs précités. La sortie de la substance nerveuse à travers les parois du tube était évidemment due à des blessures de cette enveloppe pendant la dilacération, et n'avait rien de normal.

L'alcool ordinaire a une action assez analogue à celle de l'eau distillée; seulement, elle est beaucoup plus rapide, et les granulations qui en résultent ressemblent davantage à un coagulum. Il n'en est pas de même de l'alcool absolu, qui en vertu de son affinité pour l'eau dessèche le tube ; sa gaîne prend un aspect frisé et son contenu se ratatine contre les parois à peu près comme après l'action de la glycérine. L'usage de l'alcool comme durcissant doit suivre celui de l'acide osmique qui doit au préalable fixer les éléments dans leur forme normale.

Tous les acides altèrent les éléments nerveux et produisent l'aspect granuleux. L'acide nitrique y fait apparaître de fines stries longitudinales, sur lesquelles nous aurons à revenir. L'acide chromique les durcit et les ratatine en les colorant en jaune. Son emploi pour le durcissement doit être bien régularisé. On ne doit utiliser à cet effet que des solutions très faibles. Nous nous sommes servi de celle à

---

[1] Ranvier, *Leçons sur l'histologie du système nerveux*, t. I, p. 265 et suiv.

1 pour 100 ; plus concentré, cet acide rend le tissu tellement cassant, qu'il n'est plus possible d'en retirer de fines tranches entières, celles-ci se pulvérisent sur la lame du rasoir. L'acide picrique peut être utilisé pour immerger le tissu pendant la dilacération, lorsqu'on a l'intention de colorer ensuite avec le picro-carminate d'ammoniaque. Quant à l'acide acétique dilué, il n'est pas d'un grand emploi, car les fibres nerveuses sont si peu adhérentes chez les Crustacés, il est si aisé de les dissocier directement, qu'il n'est pas nécessaire de recourir à ce réactif pour ramollir le tissu conjonctif. Il pourra servir pour rendre plus apparents les noyaux des cellules.

Nous devons donner une place à part à l'acide osmique. Il est réellement un des réactifs les plus précieux, en ce sens qu'il fixe les éléments dans leur forme normale et d'une manière telle qu'on peut ensuite les observer dans des substances avides d'eau, comme la glycérine, ce qui permet de les conserver en préparations. Cet acide communique une teinte verdâtre aux nerfs, mais ne les noircit pas complètement. La solution la plus employée est celle à 1 pour 100.

Selon Hæckel, le sublimé corrosif et l'acide arsénieux produiraient une granulation prononcée dans le plasma des tubes.

Les alcalis éclaircissent considérablement les éléments nerveux et finissent par les dissoudre après un temps très court, selon le degré de leur concentration.

Histologie.—Ce qui frappe tout d'abord lorsqu'on entreprend l'étude du tissu nerveux chez les Arthropodes en général, mais particulièrement chez les Crustacés, ce sont la grandeur extraordinaire des éléments qui les composent et la facilité avec laquelle on peut les dilacérer.

Le tissu mou et peu adhérent qui unit ces éléments est facilement déchiré par l'aiguille, ce qui permet un isolement rapide. Il faut cependant signaler à cet égard d'assez notables différences selon les animaux, et ce qui est vrai pour l'Ecrevisse, le Homard, le Cancer menas, etc., ne l'est plus au même degré pour le Palémon par exemple. Chez ces derniers, c'est même un travail pénible que de poursuivre des fibres nerveuses dans la chaîne ganglionnaire.

Un second point que nous pouvons noter dès maintenant, consiste dans la grande ressemblance qui existe entre les éléments du système nerveux chez les Macroures et les Brachyures, ressemblance telle qu'il ne nous est pas possible d'indiquer entre eux le moindre trait distinctif.

On peut aisément découvrir la corde abdominale chez ces animaux : chez le Homard, par exemple, il suffit de couper longitudinalement et des deux côtés du corps les anneaux calcaires de la face inférieure et la peau qui les unit ; puis, en soulevant avec une pince la région la plus rapprochée de l'anus, on la détache peu à peu d'arrière en avant en coupant les faisceaux musculaires de chaque anneau. Ce travail est un peu plus délicat dans la région thoracique, par le fait du partage de la chaîne ganglionnaire dans les arcades calcaires qui la protègent, formations sur lesquelles nous n'avons pas à nous arrêter ici et dont on trouvera la description détaillée dans le tome Ier de l'*Histoire naturelle des Crustacés* de Milne-Edwards.

Après avoir détaché un fragment plus ou moins long de la chaîne ainsi mise à nu, on le transporte sur une lame de verre où l'on a préalablement recueilli une certaine quantité du sang de l'animal sacrifié. On peut, avant de commencer la dilacération, se rendre compte sous un faible grossissement de la disposition générale des parties que l'on a ainsi retirées. Chez le Homard, l'épaisseur de la chaîne rend cette observation difficile et il faudra la faire sur de jeunes animaux. Chez les petites Ecrevisses la transparence du ganglion est parfois telle qu'on peut se rendre compte, dans cet examen préalable, du trajet des fibres dans le ganglion.

On peut dès lors se convaincre chez ce dernier animal que la chaîne ganglionnaire, au moins dans sa région postérieure, est composée de deux gros cordons nerveux très rapprochés et assez intimement unis en une seule masse par du tissu conjonctif. Sous une faible pression on réussit quelquefois à écarter ces cordons et à rendre leur existence distincte bien évidente. L'union des deux cordons est un peu plus avancée chez le Homard et la Langouste dans la région que nous venons de mentionner. Chacun de ces cordons peut être considéré comme un tube à double paroi, dans lequel sont tendus une quantité d'autres tubes beaucoup plus minces à simple ou double paroi et généralement parallèles. Ce parallélisme n'est pas constant, mais il n'y a jamais de croisement régulier.

Quant aux ganglions, on peut remarquer sous ce même faible grossissement deux masses plus foncées, séparées par un espace plus clair et enveloppées par une membrane également plus transparente. Lorsqu'on les plonge pendant quelques minutes dans une solution de picro-carminate d'ammoniaque à 1 pour 100, la région la plus claire se colore en rouge et la plus foncée en jaune, en sorte que ces deux régions se délimitent parfaitement. La coloration disparaît au bout de quelques heures dans la glycérine si l'immersion du tissu dans la matière colorante a été de courte durée.

La forme des ganglions varie selon la région de la chaîne que l'on examine. Dans la portion abdominale ils sont elliptiques, le grand côté de l'ellipse est longitudinal. Au centre de l'ellipse, s'aperçoivent les deux masses arrondies dont nous avons parlé. Les dimensions varient beaucoup selon les animaux.

Les ganglions thoraciques ont une structure compliquée sur laquelle nous aurons à revenir avec détails. En général ils sont plus gros, plus allongés et plus anguleux que ceux de l'abdomen.

Quant au ganglion cérébroïde nous l'avons soumis à une étude spéciale, dont nous rendrons compte en exposant la topographie des éléments histologiques dans les ganglions.

Nous avons déjà dit comment les ganglions donnent naissance à un certain nombre de nerfs symétriques. Il ne faudrait pas prendre pour tels chez les Macroures deux prolongements conjonctifs, qu'il arrive fréquemment de déchirer en préparant le ganglion pour l'examen, et qui, sous un faible grossissement, ont une certaine apparence nerveuse. Le picro-carminate d'ammoniaque les colore rapidement en rouge, tandis que les nerfs le sont en jaune.

Nous diviserons les éléments du système nerveux en trois groupes :

1° Les tubes nerveux.

2° Les cellules nerveuses.

3° Le tissu conjonctif enveloppant les nerfs.

Tubes nerveux. — Ces éléments sont répandus dans tous les nerfs périphériques, dans les commissures transversales et dans les connectifs longitudinaux jusqu'aux ganglions où ils prennent naissance. Ils constituent avec les cellules ganglionnaires la partie essentielle du tissu nerveux.

On peut les considérer comme des homologues (au point de vue morphologique) des fibres nerveuses sans myéline ou fibres de Remak du grand sympathique des animaux vertébrés et des fibres très voisines qui constituent le nerf olfactif chez ces animaux. Toutefois, ils présentent, dans leur structure intime, quelques différences qui ressortiront de leur description.

Pour les étudier à l'état frais, le mieux est d'enlever sur l'animal encore vivant un fragment de la chaîne abdominale compris entre deux ganglions. Après avoir enlevé la gaîne conjonctive qui les entoure, le névrilème, on dilacère au moyen de fines aiguilles le faisceau nerveux. Il n'est pas nécessaire de pousser très loin la dilacération pour obtenir un grand nombre de tubes de dimensions diverses, propres à l'observation.

Ces tubes sont cylindriques, entourés d'une enveloppe élastique contre les parois de laquelle sont appuyés des noyaux ovalaires de formes et de dimensions diverses, et qui est remplie par une substance visqueuse parfaitement claire et homogène. Il n'y a point de gaîne médullaire, et les bords du tube sont exactement définis.

La paroi de ces fibres primitives est simple dans les tubes les plus minces, et les noyaux semblent directement accolés à sa face interne. Elle paraît double, au contraire, dans les tubes larges, et cette double paroi s'élargit dans les points où se rencontrent les noyaux[1]. Enfin dans quelques fibres de moyen diamètre les parois sont simples dans les espaces intermédiaires et deviennent doubles au niveau des noyaux. Dans tous les cas elles ressortent très distinctement du tissu conjonctif à larges mailles qui les entoure.

L'épaisseur de la paroi varie de 0,5 à 2 µ. La paroi est très ferme, très élastique, et lorsqu'on l'a déformée par une légère pression, elle revient rapidement sur elle-même. Les liquides étrangers, et l'eau distillée en particulier, altèrent rapidement cette élasticité, si bien qu'elle est complètement perdue après un séjour de quelques minutes dans ces liquides et qu'alors il est difficile de rencontrer des fibres qui ne soient pas plissées dans différents sens.

Les noyaux ont toujours un aspect granuleux, comme le représentent les figures 3, *a*, et 8, *a*, *b*, *c*, pl. XXVII, provenant de tubes de Homard et de Maia squinado, dessinés à l'état frais. Les granulations ne sont pas régulières, quelques-unes sont assez grosses et ressemblent à des Vacuoles; mais rien, ni dans leurs dimensions, ni dans leur position, n'étant constant, nous ne pensons pas qu'on puisse les considérer comme des nucléoles. Quelquefois elles sont resserrées par un espace clair (fig. 8, *c*, pl. XXVII). La longueur des noyaux varie de 8 à 15 µ.; quant à leur épaisseur, elle est très variable et l'on ne peut guère l'exprimer par des chiffres. En général, ils sont plus minces et plus allongés dans les fibres étroites que dans les larges et l'aspect granulé y est moins prononcé. Ils ont une grande analogie, comme

---

[1] Voir pl. XXVII, fig. 6.

Hæckel l'a déjà remarqué, avec les noyaux du tissu conjonctif, toutefois leur position à la surface du tube nerveux et leurs dimensions les en distinguent nettement. Dans l'observation ils peuvent se présenter de profil ou de face ; dans le premier cas il faudra tenir compte de leur position dans l'appréciation de leur forme, car en général c'est de profil qu'ils se montrent.

Il n'y a rien de régulier dans la distribution des noyaux le long de la fibre et l'on pourrait à leur égard répéter exactement ce que dit Ranvier des noyaux des fibres de Remak chez les Vertébrés[1]. La distance qui les sépare varie beaucoup. Parfois ils sont très distants et l'on peut poursuivre longtemps un même tube sans en rencontrer ; d'autres fois ils sont très rapprochés, comme les représentent les dessins (fig. 3, 4, 5, 6, pl. XXVII).

Le picro-carminate et le rouge d'aniline les colorent plus rapidement que les tubes, ils prennent également une teinte plus foncée sous l'action de l'acide osmique.

On doit les considérer comme appartenant à la gaîne du tube dont ils font partie intégrante.

Quant au contenu du tube, nous sommes d'accord avec Helmholtz pour le considérer comme semi-liquide. On peut facilement s'en convaincre en comprimant progressivement sous la lamelle quelques fibres fraîchement dilacérées. On voit sortir par les extrémités des gouttelettes réfringentes, constituées par une substance visqueuse très transparente. Ces gouttelettes deviennent rapidement granuleuses par l'action de l'eau et peuvent alors simuler des noyaux qui se seraient détachés de la paroi du tube. Si on les reçoit dans une solution d'acide chromique à 1 pour 1 000, elles se coagulent en zones concentriques que Hæckel compare à celles des Oignons (fig. 9, *b*, pl. XXVII). L'acide acétique les gonfle beaucoup, leur fait prendre les formes les plus bizarres, et elles finissent par disparaître au sein du liquide environnant, en se résolvant en une multitude de petits granules. Après un séjour de quelques heures dans un des liquides conservateurs signalés plus haut, le contenu du tube se prend lui-même en gouttelettes de dimensions diverses (fig. 9, *b*, pl. XXVII), que Hæckel a fort bien décrites ; elles renferment chacune des gouttelettes plus petites qui donnent à l'ensemble l'aspect d'œufs en fractionnement.

____

[1] Voir RANVIER, *Leçons sur le système nerveux*, t. I, p. 142.

Quel que soit le procédé qui donne la coagulation, elle est toujours la conséquence d'une séparation de la substance nerveuse en une portion plus épaisse et une portion plus claire ; les granulations que nous venons de mentionner flottent en effet dans un liquide. Il est probable toutefois que ce liquide est en grande partie celui du réactif dont on s'est servi, qui, étant moins dense que le contenu du tube, a traversé sa paroi par endosmose, et lorsqu'on obtient l'aspect granulé, lorsque le tube est entouré de sang, comme le mentionne Hæckel, mais comme nous ne l'avons jamais observé, il faut l'attribuer à une altération chimique du sang lui-même, dont une portion plus liquide filtre à travers les parois. La coagulation est toujours plus rapide dans les tubes étroits que dans les larges.

La manière dont se comportent les tubes nerveux vis-à-vis des réactifs est un peu différente chez les Palémons ; cependant nous ne pensons pas qu'il faille attribuer à ces différences une valeur aussi grande que le fait Hæckel. Il est parfaitement vrai que le contenu des tubes nerveux de ces Crustacés est beaucoup moins coagulable que celui des autres Macroures et des Brachyures, mais la formation de vacuoles telles que celles que nous avons décrites plus haut s'y fait de la même manière. La différence réside dans l'inaptitude du plasma de ces tubes à prendre l'aspect granuleux. Il y a là l'indication de propriétés physiques un peu différentes, quoique les substances colorantes agissent sur eux comme sur les autres tubes nerveux.

Nous avons insisté sur ce fait, que le contenu du tube est parfaitement homogène. Il y a cependant une restriction à faire pour les tubes très larges qui se rencontrent dans la chaîne abdominale de l'Ecrevisse, du Homard et dans le nerf impair partant du ganglion thoracique des Brachyures. Leur portion interne présente quelquefois, même à l'état tout à fait frais, un espace nébuleux qui a déjà été mentionné par les anciens observateurs et particulièrement par Remak. Ce dernier auteur décrit même cette nébulosité comme résultant de l'agglomération d'une grande quantité de petites fibrilles extrêmement minces, et qui, défaites par la pression, se résoudraient en granulations. « Ces fibrilles, dit-il, sont lisses et très délicates, parallèles entre elles, sans ramifications ou anastomoses visibles. Un faisceau paraît être composé de plusieurs centaines de fibrilles. Si le tube a été blessé, on voit parfois le faisceau intérieur faire des courbures plus fortes dans l'intérieur du tube et les fibres conservent leur parallélisme[1]. »

Remak n'est pas loin de considérer ce faisceau comme l'homologue du cylindre-axe des nerfs des Vertébrés, dans lequel il venait également de démontrer la structure fibrillaire, et il faut dire que cette homologie n'aurait rien que de très naturel si son observation se trouvait vérifiée. Mais nous devons dire que nous n'avons jamais pu constater la structure fibrillaire à l'intérieur des tubes nerveux frais. Une seule fois il nous fut donné de la voir très distinctement sur une fibre très large de la chaîne ganglionnaire du Homard et nous pûmes la montrer à plusieurs naturalistes qui y reconnurent immédiatement un cylindre-axe ; mais il faut ajouter que cette fibre avait auparavant été traitée par l'hématoxyline et préparée dans la glycérine. Nous ne croyons donc pas à la présence d'un véritable cylindre-axe dans aucun des tubes nerveux de Crustacés, mais il nous semble par contre indéniable qu'il se présente chez quelques-uns un commencement de différenciation, qui s'accuse par un épaississement du protoplasma dans le centre du tube, épaississement dont l'aspect nébuleux est la conséquence. Ce serait une tendance à la formation d'un cylindre-axe tel qu'on l'observe dans les nerfs des jeunes Pétromyzontes.

Nous devons revenir un instant sur l'action de la glycérine : elle est très instructive. Une solution, même très faible, de cette substance suffit pour ratatiner le plasma qui emplit le tube nerveux. L'enveloppe se plisse légèrement, mais son élasticité tend toujours à lui conserver sa forme, tandis que le contenu se contracte vers l'intérieur. Tantôt il se sépare d'un côté seulement, comme l'indique la figure 5, *a*, pl. XXVII ; tantôt il quitte les deux bords de la gaîne (fig. 5, *b*). Dans ce dernier cas, il peut simuler, à l'intérieur du tube, un cylindre-axe. En employant des solutions de glycérine plus concentrées, il se courbe et prend un aspect en spirale. On peut de cette manière se convaincre de la présence réelle d'une enveloppe dans chaque tube nerveux. Ce procédé pourra de même être employé pour démontrer l'enveloppe des cellules nerveuses ; il rend compte de l'apparence d'un cylindre-axe.

Quant à la question de savoir si les tubes nerveux se ramifient ou

---

[1] Voir REMAK, *Ueber den Inhalt der Nervenprimitivröhren, in Arch. de Müller*, 1843, p. 197.

non, les auteurs ne sont pas d'accord. Helmholtz nie toute ramification des fibres élémentaires, Hæckel les admet, Remak n'en parle pas. Il ne nous est jamais arrivé de constater des fibres ramifiées dans la chaîne abdominale, mais il nous semble difficile de méconnaître l'existence de pareilles ramifications aux points de départ des nerfs périphériques, et surtout après la pénétration de ceux-ci dans les tissus. Au point de départ d'un petit nerf s'éloignant du tronc principal, on peut observer la bifurcation de fibres simples en deux branches, dont l'une continue dans le tronc et dont l'autre fait partie du nouveau nerf. Une fois qu'il a atteint les muscles, ce nerf se dichotomise un grand nombre de fois en branches de plus en plus minces, jusqu'à ce que ces rameaux atteignent la petite capsule ou le prisme triangulaire où ils se terminent.

Les auteurs ont distingué les tubes nerveux des Invertébrés en *tubes larges* et en *tubes étroits*. Il faut avouer que l'on pourrait augmenter considérablement ces subdivisions, car le diamètre varie beaucoup selon les points du système nerveux que l'on étudie. Nous nous contenterons d'indiquer les chiffres extrêmes que nous avons notés. Dans la chaîne abdominale d'une Langouste, nous avons observé une fibre dont la largeur atteignait 150 μ, tandis que, dans les nerfs périphériques du même individu, certaines fibres ne dépassaient pas 10 à 20 μ. Entre ces deux largeurs, il y a de la marge. On peut aussi se procurer de très gros tubes dans l'anneau œsophagien du Maia squinado de grande taille.

Cellules nerveuses.—Nous en arrivons maintenant aux cellules ganglionnaires. Elles sont répandues dans toutes les masses ganglionnaires, et elles ont indistinctement dans toutes les mêmes caractères généraux, qui les rapprochent des cellules des centres sympathiques chez les Vertébrés. Partout elles se présentent sous forme d'une vacuole ronde, ovale, pyriforme, etc., comprenant une membrane parfois tellement mince qu'elle est très difficile à reconnaître et qu'on a souvent discuté sur son existence réelle, et d'un contenu liquide absolument identique à celui des tubes nerveux à l'état frais. Les granulations se produisent rapidement dans ce contenu, à la suite de l'addition de solutions aqueuses de faibles densités.

Au milieu de la vacuole flotte un nucléus assez gros (rarement deux), renfermant lui-même un ou plusieurs nucléoles, très distincts par leur grande réfringence.

La membrane de la cellule, beaucoup plus mince encore que celle

du tube, est moins élastique et ne présente jamais un double contour
sur les cellules moyennes et les petites cellules ; elle peut devenir
elle-même granuleuse, ce qui empêche de la distinguer de son contenu. Elle se détruit facilement, et se déchire presque toujours pendant la dilacération dans les très grandes cellules. On peut quelquefois la reconnaître, dans ce dernier cas, par les lambeaux qui
demeurent attachés au plasma. Après une action prolongée de l'eau
légèrement glycérinée, le contenu se contracte, et alors la membrane
apparaît très distinctement (fig. 2, *b*, pl. XXVII). L'acide picrique et
l'acide nitrique y font apparaître des striations longitudinales, surtout
faciles à mettre en évidence sur les cellules géantes (fig. 10, pl. XXVII).
C'est dans ces dernières qu'un examen plus attentif nous a permis
de reconnaître que les striations longitudinales n'appartiennent point
à l'enveloppe, mais seulement à son contenu, comme cela ressortira
de la description que nous en donnons plus loin.

Nous n'avons jamais observé de noyaux analogues à ceux de la gaîne
des tubes nerveux. C'est la seule différence qu'on puisse signaler entre
ces deux enveloppes. Nous ne la croyons pas suffisante pour se re-
fuser à considérer ces membranes comme une seule et même formation. Imaginons un tube nerveux fermé et gonflé à son extrémité,
ou bien que, sur son parcours, il se soit produit, par une surabon-
dance de plasma, une dilatation de la gaîne : ces ampoules imaginaires
auraient absolument l'aspect de la cellule ganglionnaire. Au fond,
cette cellule se présente comme un élargissement terminal (cellule
monopolaire), ou comme l'élargissement d'un point de la fibre nerveuse (cellules bipolaires), et ce qui la caractérise est le noyau na-
geant au sein du plasma.

Le contenu de la cellule est le même, avons-nous dit, que celui du
tube ; il présente les mêmes réactions et les mêmes phénomènes
osmotiques que nous avons décrits dans ce dernier. Il est visqueux et
se coagule rapidement. Il faut remarquer que la coagulation commence en général sur les bords immédiats du noyau, et, lorsqu'elle
est terminée, les granulations qui en sont le résultat sont plus serrées
dans les mêmes points. Cela indique une condensation plus grande
du plasma autour du noyau, et ce fait est encore confirmé par l'action des matières colorantes, qui se concentrent dans le même voisinage.

Comme cela a lieu pour les tubes nerveux, certains acides, tels que
l'acide picrique et l'acide azotique, coagulent le plasma de la cellule

d'une façon singulière, en y faisant apparaître de fines striations longitudinales. Nous avons essayé de rendre cet aspect dans la figure 10 de la planche XXVII, représentant une cellule géante du ganglion thoracique du Crabe tourteau (*Cancer paragus*), traité par l'acide azotique concentré. M. Cadiat a appelé dernièrement l'attention des histologistes sur l'action de ce dernier acide ; elle est effectivement très nette, et parle encore en faveur de l'identité de la substance nerveuse à l'intérieur du tube et des cellules[1].

Quant au noyau, il n'a évidemment pas d'enveloppe propre. Il arrive fréquemment, après une dilacération d'un ganglion de la chaîne abdominale, d'en rencontrer une grande quantié dans le liquide ; ils proviennent probablement des grandes cellules, dont les parois ont été déchirées pendant la dilacération. Leur contour est granuleux, et, nous le répétons, nous n'y avons jamais constaté d'enveloppe, ni à simple ni à double contour, comme le dit Hæckel. Le noyau est sphérique ou ovoïde ; sa position est généralement excentrique, et, lorsque la cellule possède un prolongement, il est opposé au point de départ de celui-ci (fig. 7, pl. XXVII.) Il se distingue par sa réfringence et par une aptitude spéciale à se colorer en rouge par le picro-carminate d'ammoniaque ; la plus petite quantité de ce liquide suffit pour le rendre très apparent au bout d'un crtain temps.

Il nous est parfois arrivé de rencontrer, dans le ganglion cérébroïde de différentes espèces de Crabes, des cellules à deux noyaux ; dans ce cas, ils étaient tous deux excentriques et fort éloignés l'un de l'autre.

Le *nucléus* renferme un ou plusieurs *nucléoles* très distincts qui apparaissent comme de petites gouttelettes à bords bien nets. Le nucléole est généralement double dans les grandes cellules ; il peut manquer dans les petites (fig. 7, *c*, pl. XXVII). Il renferme quelquefois un ou plusieurs *nucléolules*, comme nous l'avons observé dans les cellules du ganglion thoracique du Tourteau. Avec un fort grossissement (Hartnack, immers. 10), ils apparaissent comme des amas de granulations.

La forme des cellules varie selon le nombre de leurs prolongements.

Il y a des cellules *apolaires* (fig. 1, 2, 7, pl. XXVII) sur l'existence desquelles on a beaucoup discuté. La plupart des auteurs attribuent

---

[1] Voir *Comptes rendus de l'Académie des sciences*, 3 juin 1878, p. 1420.

l'absence de prolongement chez elles à un accident de manipulation; ils pensent que les prolongements ont été cassés pendant la dilacération et nient par conséquent l'existence des cellules apolaires comme individualités histologiques. Nous ne pouvons nous joindre à cette manière de voir. Le nombre des cellules apolaires est si considérable et leur présence dans les ganglions si constante, qu'il nous semble difficile d'admettre un si grand nombre d'accidents. En second lieu, il faut remarquer qu'on ne voit jamais à leur surface de traces de cette brisure supposée, et qu'il serait pour le moins étonnant qu'elle ait toujours lieu sur le bord même de la cellule, alors que nous savons parfaitement qu'il n'y a là ni rétrécissement, ni articulation quelconque. Enfin, on pourrait nier par un pareil raisonnement l'existence de cellules unipolaires et ne considérer ces dernières que comme des cellules bipolaires ayant accidentellement perdu un de leurs prolongements. Les cellules apolaires sont surtout répandues dans le ganglion cérébroïde. Nos connaissances sur le mécanisme physiologique des cellules nerveuses sont trop peu avancées pour qu'on puisse considérer les cellules apolaires comme inutiles.

Les cellules *unipolaires* (fig. 1 et 2, *b*, pl. XXVII) sont ovalaires et pyriformes ; elles abondent dans tous les ganglions.

Les cellules *bipolaires* fusiformes sont plus rares. Les tubes nerveux auxquels elles donnent naissance n'ont pas toujours le même diamètre, comme le montrent les figures 1 et 2, *c*, pl. XXVII.

Enfin, il peut se rencontrer des cellules à trois prolongements. Celle que nous avons représentée (fig. 11, pl. XXVII) provient du cerveau d'un Maia. Ces cellules ont une forme triangulaire, de chaque angle part un prolongement dont la couleur a le même aspect que celui de la cellule.

Pour ce qui concerne les dimensions des cellules, nous pouvons répéter ce que nous disions à propos des tubes, c'est-à-dire que ces dimensions sont extrêmement variables. Les cellules géantes du cerveau et des ganglions thoraciques peuvent atteindre jusqu'à 200 μ de diamètre. C'est la plus grande dimension que nous ayons mesurée.

Hæckel cite une cellule qu'il a trouvée dans le premier ganglion abdominal d'un gros Homard, qui avait un diamètre de 250 μ ; son nucléus mesurait 50 μ et son nucléole 12 μ. Celle que nous représentons figure 10, pl. XXVII, provient de la face inférieure du ganglion thoracique d'un Tourteau de taille moyenne. Elle mesurait 200 μ, c'est-à-dire qu'elle était visible à l'œil nu. Nous lui avons conservé dans la figure sa gaîne conjonctive *c*. On remarquera que le tube qui en part est loin de compter parmi les plus larges ; il faudrait donc admettre pour ces derniers des cellules encore plus géantes si nous ne savions qu'il n'existe pas de relation constante entre le diamètre du tube et la grosseur de la cellule. Une cellule de taille moyenne peut donner naissance à un tube plus large que telle autre cellule géante. Les petites cellules ont de 30 à 50 μ.

La figure 7, planche XXVII, montre un groupe de cellules apolaires et monopolaires, tel qu'il s'est rencontré à la suite de la dilacération d'un ganglion abdominal du Homard. On voit que leurs dimensions sont bien diverses. Elles sont toutes enveloppées d'une capsule fort épaisse de tissu conjonctif.

Chez aucun Crustacé, nous n'avons rencontré de cellules multipolaires analogues à celles de la substance grise des Vertébrés supérieurs.

Quant à la manière dont les tubes sont unis aux cellules, de grandes discussions se sont élevées parmi les auteurs. Nous renvoyons, pour leur histoire, au travail de Hæckel (*loc. cit.*). Aujourd'hui, nous devons considérer les tubes nerveux des Crustacés comme de simples prolongements cellulaires, prolongements qui ne se distinguent de leur point de départ que par l'épaisseur plus grande de leur gaîne et la présence de noyaux dans cette gaîne. Il est faux que le contenu de la cellule soit toujours granuleux à l'état frais ; on peut le voir dans les cellules de la figure 7, où il est parfaitement homogène. De là la nullité de ces descriptions dans lesquelles quelques auteurs indiquent un espace limitant au point d'insertion de la fibre et de la cellule. Nous n'avons jamais rien vu de semblable.

Tissu conjonctif. — La chaîne abdominale est enveloppée tout entière par une double membrane conjonctive. Au premier abord, cette espèce de gaîne paraît constituée par un tissu brillant, compacte et résistant. Elle se déchire facilement dans le sens longitudinal, mais non dans le sens transversal. On peut aisément constater qu'elle n'est pas simple, mais composée d'une couche externe lisse et compacte et d'une couche interne beaucoup plus molle et se rapprochant par sa texture du tissu conjonctif diffus de Ranvier. Le Homard est l'animal qui se prête le mieux à l'étude de cette double paroi.

Chez les Palémons et les Brachyures, ces deux couches sont beaucoup plus intimement unies, et il est fort difficile de les distinguer. Du reste, leur épaisseur varie beaucoup selon l'espèce et l'âge de l'animal que l'on étudie.

Sur les coupes transversales, elles forment autour du tube nerveux un anneau très distinct qui se colore vivement par le carmin et qui envoie des prolongements entre les faisceaux nerveux. Examiné à l'état frais, le tissu conjonctif se distingue de la masse nerveuse intérieure par sa plus grande pâleur.

Sur les coupes longitudinales, les enveloppes, et particulièrement l'enveloppe externe, forment de chaque côté de la masse des tubes nerveux une zone dont l'épaisseur, au dire d'Owsjannikow, est égale à la moitié correspondante de l'axe nerveux.

L'enveloppe extérieure ou *névrilème externe*, détachée de la chaîne abdominale du Homard, parfaitement fraîche, colorée au picro-carminate et préparée dans la glycérine, se présente comme une membrane très finement striée dans le sens longitudinal et irrégulièrement tapissée de nombreux noyaux.

Chez les Écrevisses, elle est beaucoup plus mince, mais elle existe sans aucun doute, ainsi qu'on peut s'en convaincre en comprimant un ganglion sous une lamelle.

La figure 1, pl. XXVIII, représente le névrilème externe du Homard traité comme nous venons de l'indiquer. Le fond est finement granuleux, parsemé de petits noyaux ovales ou arrondis, irrégulièrement distribués. La striation longitudinale est nettement indiquée. On distingue en outre des fibres élastiques également longitudinales; leur présence explique le mode de déchirure dont nous avons parlé. Nous n'avons pas réussi à distinguer des fibres transversales et circulaires, comme l'admet Lemoine. Les fibres élastiques se colorent facilement, et leur teinte, ainsi que celle des noyaux, est plus intense que dans le reste de la préparation.

Il faut mentionner que nous avons constaté la présence de cellules pigmentaires étoilées dans le névrilème externe du *Palemon serratus*. Ces cellules ont une coloration brun violacé ou brun rougeâtre. Nous les avons représentées figure 8, planche XXVIII, et les avons retrouvées dans la chaîne abdominale d'un petit Crustacé isopode, la *Ligia oceanica* (fig. 7, pl. XXVIII).

Nous n'avons pas l'intention d'entrer dans de plus longs détails sur la structure de cette gaîne, elle nécessite de nouvelles recherches. Nous ajouterons cependant qu'examinée sur des coupes transversales avec de puissants objectifs, on découvre dans son épaisseur une structure compliquée ; ce sont comme de nombreuses cloisons irrégulièrement disposées, qui indiquent une analogie remarquable entre elle et la gaîne lamellaire qui entoure les faisceaux nerveux chez les Vertébrés, et qui a été si minutieusement étudiée par M. Ranvier.

Son épaisseur varie un peu selon les points que l'on considère ; elle est en général plus grande du côté ventral que du côté dorsal, surtout dans la région abdominale, ce qui peut s'expliquer par le fait que dans cette région la chaîne est moins protégée que le long du thorax. Elle ne fait qu'envelopper extérieurement et ne pénètre pas entre les faisceaux nerveux.

Le tissu conjonctif sous-jacent se rapproche de celui que M. Ranvier distingue chez les Vertébrés sous la dénomination de *tissu intra-fasciculaire*. Il est mou et lâche. Il abonde surtout chez les jeunes animaux et se trouve en plus grande quantité chez les Brachyures que chez les Macroures. C'est lui qui, chez les Palémons, demeure souvent adhérent aux tubes nerveux, si bien qu'il est difficile de s'en défaire pendant la dilacération. Il est essentiellement composé de lamelles, de fibres et de noyaux. Les lamelles partent de la face la plus interne de l'enveloppe extérieure, dont elles ne sont, pour ainsi dire, qu'un prolongement ; elles se poursuivent à travers les tubes nerveux, constituant par places un réseau épais qui délimite ces derniers en régions distinctes. L'acide acétique gonfle beaucoup ces lamelles, ainsi que la face interne de la gaîne lamelleuse. On peut constater cette action sur des coupes transversales fraîches tenues pendant quelques instants dans l'acide dilué.

Les fibres sont extrêmement minces, droites et molles, jamais nous ne les avons vues se ramifier. C'est entre elles que se montrent une grande quantité de noyaux granuleux de forme ovale se colorant en rouge par le picro-carminate.

C'est dans la portion externe de la gaîne molle que courent les vaisseaux sanguins, comme on peut le constater en injectant une solution colorée. Nous ne saurions mieux faire à ce propos que de rapporter ce que dit Lemoine sur le lacet vasculaire de la chaîne nerveuse :

« Si l'on opère convenablement l'injection, on assiste à un spectacle des plus curieux, car on peut pour ainsi dire préciser le moment où le liquide injecté arrive au système nerveux ; l'animal est alors pris de spasmes, de convulsions tout à fait caractéristiques, et il ne tarde pas à tomber dans une immobilité finale. En examinant la chaîne, nous avons pu trouver la disposition suivante :

« Au niveau des parties interganglionnaires, on trouve trois vaisseaux longitudinaux, un central et deux périphériques.

« Ces vaisseaux sont reliés entre eux par de nombreuses anastomoses. Si nous les suivons jusqu'au niveau du ganglion, nous les voyons alors se bifurquer ou même chacun se trifurquer.

« Les branches résultant de ces divisions forment en s'anastomosant à la surface du ganglion un riche réseau à mailles plus ou moins quadrilatères, entre lesquelles on aperçoit plus profondément les éléments nerveux.

« Sur les côtés du ganglion, au point d'émergence des nerfs, on voit se détacher du réseau des rameaux qui suivent les nerfs en question.

« La face supérieure ou postérieure du cerveau nous a présenté une disposition analogue. Chaque moitié est en effet couverte d'un lacet à mailles irrégulières et assez larges. Ce lacet envoie en dedans des anastomoses qui l'unissent aux vaisseaux de l'autre moitié.

« Ces anastomoses constituent, sur la partie médiane du cerveau, une sorte de triangle à sommet supérieur, où arrivent deux artères qui suivent les pédoncules cérébraux. Une autre artériole se dirige vers l'origine cérébrale supérieure du système nerveux de la vie organique.

« Cette artériole se met sans doute en communication avec une branche vasculaire que des recherches ultérieures nous ont permis de reconnaître, et qui, partant de l'artère ophthalmique, aboutit à la face supérieure du cerveau.

« Enfin, sur les bords de la masse cérébrale, on peut noter trois vaisseaux assez considérables : l'un suivant le nerf optique, un autre le nerf qui se porte au tégument de l'extrémité antérieure de la carapace, le troisième le nerf de l'antenne externe[1]. »

Le névrilème interne pénètre entre les masses de la chaîne ganglionnaire et envoie même parfois de légers faisceaux conjonctifs entre les tubes d'un nerf.

Leydig[2], dans ses études sur la structure intime des tissus des In-

---

[1] Voir LEMOINE, *loc. cit.*, p. 106.

[2] Voir LEYDIG, *Traité d'histologie comparée*, trad. par Lahillonne, Paris, 1866, p. 205.

vertébrés, signale les deux couches névrilématiques dont nous venons de parler, chez plusieurs Insectes, et, guidé par leurs rapports, aussi bien que par des considérations théoriques, il admet que le névrilème externe est le produit de sécrétion du névrilème interne.

Owsjannikow les compare aux enveloppes de la moelle épinière chez les animaux supérieurs. C'est là encore un exemple de cette tendance des premiers anatomistes qui se sont occupés de la structure du tissu nerveux des Invertébrés, à vouloir la comparer en tous points à celle du même tissu chez les Vertébrés. Pour l'histologiste russe que nous venons de citer, l'enveloppe externe, dure, élastique et brillante, serait l'homologue de la dure-mère de la moelle épinière, tandis que l'enveloppe interne, molle et vasculaire, correspondrait à la pie-mère[1]. Malheureusement, cette comparaison demeure encore sujette à caution.

La structure intime des deux gaînes, telle que nous venons de l'esquisser rapidement, nous empêche de l'adopter, et nous voyons plutôt dans le névrilème externe et le névrilène interne de la chaîne des Crustacés les homologues de la gaîne lamellaire et du tissu intrafasciculaire des nerfs des Vertébrés.

Nous voyons, en effet, et ce sera là la conclusion de cette étude histologique, que par l'ensemble de ses caractères la chaîne abdominale dans ses espaces interganglionnaires n'a rien qui la distingue des nerfs auxquels elle donne naissance. C'est d'elle dont on peut dire en toute vérité qu'elle est le plus gros des nerfs du corps ; elle n'en diffère que par l'interposition des masses ganglionnaires, et, si on veut lui trouver un homologue dans le système nerveux des Vertébrés, ce serait le grand sympathique qu'il faudrait citer.

Outre les éléments dont nous venons de donner la description, on rencontre fréquemment dans les centres nerveux des Crustacés des corpuscules ovalaires à zones concentriques, qui ressemblent aux grains d'amidon (fig. 9, *a*, pl. XXVII). Ils sont très réfringents et leur nombre augmente considérablement avec la décomposition du tissu nerveux. On doit les rapprocher des corpuscules amyloïdes du cerveau humain et de ceux décrits par Zenker dans le tissu nerveux du *Nymphon gracile* et du *Pycnogonium littorale*[2]. Comme le dit ce dernier

<hr>

[1] Owsjannikow, *Recherches sur la structure intime du système nerveux des Crustacés*, in *Ann. des sc. nat.*, 4ᵉ série, t. XV, 1861, p. 132.

[2] Zenker, *Untersüchungen über die Pycnogoniden*, in *Arch. de Müller*, 1852, p. 379.

auteur, ils possèdent, outre les zones concentriques, un petit noyau polaire. Ils sont ovales et de dimensions diverses. Nous les considérons comme un produit de décomposition des cellules nerveuses, car ils n'existent pas dans les ganglions tout à fait frais.

Nous passons maintenant à la description de la disposition des éléments dans les diverses régions du système nerveux central, et, afin de procéder du simple au composé, nous traiterons d'abord de l'arrangement des fibres primitives dans les nerfs et les connectifs, puis des cellules et des fibres dans les ganglions abdominaux, les ganglions thoraciques, pour finir avec le ganglion sus-œsophagien, qui est le plus compliqué.

Nerfs et connectifs de la chaîne abdominale. — Nous avons eu recours dans cette étude à la méthode des coupes, et nous avons utilisé les procédés les plus récents. Il faut avouer cependant que, en ce qui concerne les tubes nerveux, nous n'avons pas réussi à conserver leur contenu dans toute son intégrité. La nécessité d'opérer sur des éléments soumis à l'action des réactifs durcissants fait toujours que le plasma nerveux qui remplit les tubes se ratatine et devient si cassant que non seulement il n'occupe plus entièrement l'espace qui lui est réservé, mais encore que dans la plupart des cas il tombe ou se désagrège, et qu'on n'en rencontre plus de trace, comme l'indiquent quelques-unes des figures qui accompagnent ce travail.

Les acides chromique et osmique nous ont servi dans presque tous les cas. Le tissu nerveux était plongé pendant vingt-quatre heures dans une solution à 1 pour 1 000 du premier de ces acides, puis pendant trois à cinq jours, selon la dimension des pièces, dans une solution à 3 pour 1000. Retiré de l'acide, il était plongé pendant quelques heures dans de l'alcool à 90 pour 100, et enfin conservé dans l'alcool absolu jusqu'au moment de faire la coupe. Il est important de ne pas laisser l'acide agir trop longtemps: le tissu y devient, dans ce cas, tellement cassant, qu'il se pulvérise sur la lame du rasoir. Il faut tenir compte également ici de ce que nous avons indiqué plus haut sur l'action de cet acide sur les tubes nerveux fraîchement dilacérés.

Quant à l'acide osmique, c'est la solution à 1 pour 100 qui rend les meilleurs services. Il faut, avant d'y plonger une chaîne abdominale, la découper en fragments, afin que le réactif agisse régulièrement et à peu près en même temps sur tous les éléments. La gaîne externe offre un certain obstacle à sa pénétration ; celle-ci se fait surtout par les extrémités coupées, et il est avantageux de lui en offrir le plus grand nombre possible. Ordinairement, nous divisions la chaîne en autant de fragments qu'il y a de segments interganglionnaires. Dans ce cas un séjour d'un quart d'heure à une demi-heure est suffisant.

Nous nous sommes toujours avantageusement servi pour les coupes du petit microtome à main de Ranvier, le plus simple et le plus pratique des instruments de ce genre.

Pour tenir l'objet en position, nous avons employé une méthode due à M. le professeur Denis Monnier, de l'Université de Genève. Après avoir fendu longitudinalement et sur la moitié de son diamètre une baguette de bonne moelle de sureau, on détache une des moitiés, puis, sur la face plane restante, on dépose quelques gouttes de collodion qu'on laisse évaporer jusqu'à consistance sirupeuse. On applique alors l'objet à découper et on le recouvre complètement de collodion jusqu'à ce qu'il y soit entièrement inclus. On laisse sécher pendant quelques minutes, le collodion se durcit et l'on peut alors en détacher des lamelles extrêmement fines comprenant en même temps l'objet inclus. Si, après avoir déposé le collodion, on ne peut en temps voulu procéder à la coupe de l'objet, il faut plonger le fragment de moelle sur lequel il est accolé dans de l'alcool absolu, où le collodion se durcit sans se dessécher complètement, ce qui rendrait les coupes impraticables.

Cette méthode a sur celle au savon glycériné (que nous avons utilisée également) l'avantage d'être beaucoup plus expéditive, et, si l'objet est durci *ad hoc*, elle donne d'excellents résultats. Mais il est nécessaire que cette dernière condition soit remplie, car le collodion n'est pas une masse pénétrante et dès lors les éléments peuvent être aisément dérangés de leur position respective. Avec quelque habitude, on parvient à s'en servir à coup sûr.

. Un second procédé, qui nous a quelquefois donné de bons résultats, est dû à Selenka. Comme il est nouveau et peu connu en France, nous le décrirons ici :

Il consiste à plonger l'objet tout à fait frais, ou préalablement coloré, dans du blanc d'œuf bien battu et à le laisser s'imbiber d'albumine pendant un temps qui varie selon son épaisseur (vingt-quatre heures suffisent pour un cerveau de Homard). Puis on transporte l'objet ainsi pénétré dans une petite cassette oblongue formée avec du papier compact et solide, et remplie d'albumine. On peut le fixer dans la position voulue par quelques épingles à insectes.

Les cassettes chargées de l'objet sont exposées à la chaleur. On les met pour cela dans une capsule en verre, recouverte d'une plaque de verre, qu'on dépose sur un treillis en métal au-dessus d'un bain-marie porté à l'ébullition.

Au bout de vingt ou trente minutes l'albumine est coagulée autour de l'objet. On jette alors les cassettes dans de l'esprit de vin fort, que l'on change une ou deux fois pendant quelques jours, et à la fin on les met dans l'alcool absolu. Par ce traitement, l'albumine durcit de telle manière qu'elle se coupe comme du cartilage et, comme elle a pénétré entre les éléments du tissu, ceux-ci conservent admirablement leur position.

Si l'on a perdu l'objet de vue et qu'on veuille s'assurer de nouveau de sa position, il suffit de plonger le morceau d'albumine coagulée qui le renferme dans de l'essence de girofle ou de térébenthine, où il devient transparent comme de l'ambre [1].

Les coupes sont traitées à la manière ordinaire et conservées dans du baume de Canada. Si l'on n'a pas procédé auparavant à la coloration de l'objet en masse, on peut le faire après sur les coupes. Cependant il faut dire que la coloration est alors plus lente que par les autres méthodes connues.

Ce procédé nous a donné de bons résultats pour les connectifs et les ganglions abdominaux. Pour ceux dont la structure est plus compliquée, il nous a paru voiler un peu les détails.

Quant à l'inclusion dans le savon glycériné, cette méthode est trop connue pour que nous y revenions ici ; elle n'a qu'un désavantage, c'est de prendre beaucoup de temps.

Quoi qu'il en soit de ces divers procédés, il faut reconnaître que l'étude des ganglions à l'état frais peut être avantageuse à certains points de vue. Nous n'irons cependant pas jusqu'à dire, avec M. Lemoine, que ce mode d'étude est le seul aux résultats duquel on doive accorder confiance. Si nous nous en sommes servi, ce n'est qu'à titre d'auxiliaire, tant il nous paraît évident que le maniement des tissus frais les altère beaucoup plus que quelque méthode de coupe que ce soit.

Nous avons déjà dit que la dilacération ne montre dans les nerfs irradiant de la moelle et dans les connectifs que des tubes nerveux que l'on réussit avec quelque patience à suivre du nerf dans la moelle

---

[1] Voir Carus, *Anzeiger,* 1878, n° 6, p. 130.

ou *vice versâ*. Une coupe transversale du nerf ne montrera, par con-séquent, que les lumières des tubes nerveux, c'est-à-dire la gaîne de ces tubes enveloppée de la double couche conjonctive que nous avons décrite. Il en sera de même pour les connectifs, comme cela ressort de la comparaison des figures 2, 3 et 4, pl. XXVIII, dans lesquelles nous avons représenté une coupe transversale de l'une des branches de l'anneau œsophagien du Homard et une coupe analogue du con-nectif entre le huitième et le neuvième ganglion abdominal du même animal. La seule différence consiste en ce que, dans la seconde de ces coupes, on distingue deux régions séparées entre elles par un faisceau lamelleux de tissu conjonctif.

Ce faisceau est plus épais par rapport au diamètre total chez les jeunes animaux que chez les adultes. Il indique que la suture entre les deux portions longitudinales de la chaîne est plus apparente que réelle. Nulle part, en effet, les tubes de la partie droite ne sont mélangés avec ceux de la partie gauche. La cloison est toujours complète, au moins dans les connectifs ; nous verrons que cela n'est pas vrai au même degré pour les ganglions. La coupe représentée figure 2 montre distinctement que le névrilème externe ne contribue pas à la forma-tion de la cloison et que cette dernière n'est qu'un repli de la gaîne interne, ce que nous pouvions déduire déjà de l'étude à l'état frais.

L'épaisseur de la couche enveloppant les connectifs est considé-rable chez la Langouste et le Homard, elle égale chez ces animaux à peu près le quart du diamètre de l'axe nerveux. Par contre, elle est beaucoup plus faible chez les petits Macroures, tels que l'Écrevisse et le Palémon.

Dans un point où un nerf se sépare de la chaîne, les enveloppes continuent autour de lui par simple prolongement en se dichotomi-sant. (Voir pl. XXVIII, fig. 5.)

Quant aux tubes nerveux qui remplissent l'intérieur de la coupe, ils sont de diamètre variable. Grâce à son élasticité, l'enveloppe du tube a conservé une forme à peu près circulaire. Cependant, dans la figure 4, représentant une coupe transversale de la chaîne abdominale de l'Écrevisse, on voit encore çà et là des traces de ce contenu ratatiné contre les parois du tube, coloré en rose par un court séjour dans le carmin et présentant plus ou moins l'aspect granuleux.

L'enveloppe élastique est simple dans les petits tubes et double dans les grands, ce qui confirme ce que nous avons dit sur la duplicité de cette enveloppe, en parlant des noyaux.

Il n'est pas possible de noter une régularité quelconque dans la distribution de ces tubes à l'intérieur de la gaîne, ils sont très entremêlés et les tubes larges sont tout aussi répandus à la face inférieure qu'à la face supérieure. Nous appuyons dès maintenant sur ce fait, *que la chaîne des Crustacés est constituée dans toute sa masse par des fibres de même nature et qu'alors même que la distinction que Newport et d'autres auteurs ont cherché à établir physiologiquement, entre la face supérieure et la face inférieure de cette chaîne, serait vraie (ce qui n'est pas le cas, comme nous le démontrerons plus loin), elle ne repose sur aucune différenciation morphologique.*

La coupe des connectifs chez le Homard est à peu près circulaire ; chez l'Écrevisse, elle est généralement ovalaire, le grand axe de l'ovale dirigé de gauche à droite. La figure 4, qui a été défigurée dans la préparation, exagère l'ovale. Du reste, ces caractères n'ont pas grande importance.

Les tubes nerveux de chaque côté de la chaîne relient entre eux les ganglions correspondants les plus voisins.

Une question anciennement débattue est celle de savoir si toutes les fibres d'un connectif se rendent dans les ganglions les plus rapprochés, ou bien si une partie peut passer au-dessus ou au-dessous sans y pénétrer. Les coupes transversales tranchent immédiatement la question. On ne voit jamais de tubes nerveux en dehors de l'enveloppe conjonctive des ganglions, à moins que ce ne soient des nerfs irradiant du ganglion et qui, dans la préparation, se seraient accolés sur l'une ou l'autre de ses faces ; le rasoir les aurait alors rencontrés plus ou moins obliquement. Toutes les fibres se rendent par conséquent dans le ganglion (sauf naturellement celles qui se séparent de la chaîne pour constituer les faisceaux nerveux interganglionnaires) ; mais elles ne s'y arrêtent pas toutes, comme nous allons le constater plus loin.

Si maintenant nous poursuivons nos coupes transversales d'arrière en avant dans les ganglions, l'aspect des choses change notablement.

Ganglions abdominaux. — Owsjannikow avait comparé avec quelque raison les connectifs avec la substance blanche de la moelle épinière des Vertébrés, en ce sens que, comme cette dernière, ils sont essentiellement fibreux. Dans les ganglions, nous voyons intervenir l'élément cellulaire, caractéristique chez les Vertébrés de la substance nerveuse grise.

Ce que nous allons dire concerne surtout les ganglions du Homard et de l'Écrevisse. Quant au Palémon, nous ne l'avons pas soumis à des coupes méthodiques; toutefois, ce que nous avons pu en voir à l'état frais indique une grande ressemblance avec les premiers.

Une dilacération soignée, ainsi que des coupes transversales parallèles aux segments du corps, nous indiquent que les cellules nerveuses sont cantonnées, dans le ganglion, principalement en deux points, sur la face inférieure et sur les faces latérales (pl. XXVIII, fig. 6, *cc*). Ces cellules sont très-mélangées selon leurs dimensions, et c'est, à coup sûr, sous l'influence d'idées théoriques que certains auteurs, tels que Lemoine et Owsjannikow, prétendent que la partie inférieure du ganglion renferme les grandes cellules, tandis que celles de plus petite taille seraient accumulées sur ses faces latérales seulement.

Parmi ces cellules, le plus grand nombre sont unipolaires, quelques-unes sont bipolaires.

Tel est le résultat de l'observation. Nous devons nous en tenir là et renoncer à suivre Owsjannikow dans la voie hypothétique qui le conduit à admettre des cellules normales devant avoir quatre prolongements, dont le premier monterait au cerveau, le second se dirigerait vers le côté opposé, et les deux autres se rendraient aux racines périphériques. Nous ne pouvons, comme lui considérer toutes les autres formes cellulaires comme des produits défectueux de la préparation.

Nous n'avons jamais constaté la présence de cellules à plus de trois prolongements et nous devons reconnaître que les dessins d'Owsjannikow nous engagent à considérer les prolongements qu'il représente comme dus à l'action des réactifs. Le plasma des cellules, se contractant, comme nous l'avons dit, sous l'influence des réactifs durcissants, peut prendre parfois l'aspect étoilé simulant le commencement de prolongements. Si, au lieu d'acide chromique, le savant russe s'était servi d'acide osmique — qui, à l'époque de son travail, n'était, il est vrai, pas encore en usage parmi les histologistes — il ne serait certainement pas tombé dans cette erreur.

La division médiane du ganglion en deux moitiés, correspondant à celle des connectifs, est indiquée par un faible faisceau conjonctif interrompu sur la face supérieure du ganglion pour laisser passer des fibres nerveuses transversales.

Les masses cellulaires d'un côté du ganglion sont réunies en effet aux masses cellulaires du côté opposé par des commissures qui établissent ainsi une solidarité entre les deux moitiés du ganglion.

Des coupes dirigées dans différents sens montrent, en outre, que le ganglion est traversé par des faisceaux de fibres longitudinales qui ne s'y arrêtent pas, car on peut les poursuivre à travers tout le ganglion. Ces fibres cheminent sur sa face supérieure et passent directement dans le connectif suivant sans rencontrer de cellules. Elles sont très-mélangées et il n'est pas non plus possible d'y distinguer un groupement quelconque en fibres larges et fibres étroites.

Ces fibres longitudinales se rencontrent dans tous les ganglions (fig. 6, *t*, pl. XXVIII); elles sont moins abondantes dans les ganglions postérieurs que dans les antérieurs, et moins abondantes chez ces derniers que dans les ganglions thoraciques. Selon Owsjannikow, leur nombre serait quatre fois plus grand entre le premier et le second ganglion thoracique qu'entre l'avant-dernier et le dernier ganglion abdominal. Ces rapports sont exacts, ils donnent à penser que les fibres remontent toutes vers le cerveau, qui serait leur point de départ.

Au niveau de chaque ganglion, un fascicule de ces fibres se détacherait du faisceau principal, s'inclinerait vers la face extérieure du ganglion et mêlerait ses fibres à celles qui prennent naissance dans le ganglion même et constituent en grande partie les nerfs latéraux. On pourrait se rendre compte de cette manière de la double influence du ganglion cérébroïde et des ganglions abdominaux sur l'activité des nerfs périphériques.

En outre, certaines coupes montrent sur la face interne des deux moitiés ganglionnaires des espaces arrondis ayant un aspect granuleux et qu'un plus fort grossissement montre remplis par les lumières de fibres très étroites. Ces fibres s'arrêtent certainement dans le ganglion, car les espaces arrondis ne se retrouvent pas dans toute sa longueur.

Nous avons vu, il y a un instant, qu'une partie des fibres constituant la racine d'un nerf périphérique pénétraient dans le ganglion, se mêlaient aux fibres longitudinales de sa face supérieure, en augmentaient le nombre et se dirigeaient avec ces dernières vers le cerveau.

Ce n'est certainement qu'une petite partie des fibres qui suivent un trajet aussi direct; il nous reste à voir ce que deviennent les autres.

Après avoir pénétré dans le ganglion, elles se séparent en plusieurs faisceaux qui, après s'être inclinés en dedans, vont s'épanouir contre es parois cellulaires internes du ganglion.

Il faut noter qu'auparavant ces fibres ont eu une tendance à se concentrer, tendance qui s'exprime, sur un nerf examiné à l'état frais, par une espèce d'étranglement ou de rétrécissement à son point d'émergence. Des coupes transversales dans cette région du nerf ne nous apprennent rien sur la manière dont se fait cet étranglement.

Un peu en arrière, et sur le nerf inférieur seulement, s'aperçoit quelquefois une petite nodosité, du reste peu sensible, et que M. Longet avait autrefois considérée comme homologue du ganglion de la racine postérieure des Vertébrés. Nous nous sommes assuré qu'elle n'est pas constante, et que, lorsqu'elle existe, elle n'est que le résultat d'un épaississement de la gaîne conjonctive. Nous n'y avons jamais rencontré de cellules.

Revenons maintenant au voyage des fibres dans le ganglion. Il est très difficile de s'orienter sur les coupes pratiquées dans diverses directions. Nous ne prétendons pas y avoir complètement réussi et nous avouons que bien des doutes nous restent encore sur leur mode de distribution. Toutefois il semble qu'on peut distinguer trois faisceaux principaux.

Le premier se rend vers la partie supérieure et moyenne de la moitié correspondante du ganglion. En ce point, il se bifurque en deux branches qui, s'infléchissant légèrement vers les faces latérales antérieure et postérieure, vont unir leurs fibres aux cellules qui s'y rencontrent. Nous avons déjà mentionné ces cellules comme étant de dimensions diverses ; il faut dire ici que, sur le coin interne et antérieur, il y a toujours une petite accumulation de grandes cellules. Ne serait-ce qu'à ces grandes cellules que viendraient s'unir les fibres du premier faisceau ? C'est possible, mais nous ne l'avons jamais observé d'une manière certaine.

Le second faisceau, un peu inférieur au premier, s'infléchit en arrière sur une large surface pour rejoindre les cellules des faces latérale et inférieure de la partie correspondante. Il y a là entrecroisement de fibres, quelques-unes d'entre elles semblent se fusionner au faisceau des commissures transversales et se continuer jusque dans la moitié opposée du ganglion.

Le troisième faisceau suit une marche analogue, mais inverse à celle du premier, c'est-à-dire qu'il s'infléchit en avant pour s'étaler sur les parties latérale et inférieure de la portion antérieure du ganglion. Il y a également une relation entre quelques-unes de ses fibres et la commissure transversale antérieure.

Outre ces trois faisceaux, quelques fibres s'arrêtent à la surface même du ganglion au point d'émergence du nerf. Elles y rencontrent immédiatement une petite masse de cellules, que Lemoine a signalée chez l'Ecrevisse.

Si on se rappelle maintenant que de chaque moitié du ganglion partent deux nerfs, dont l'un se rend aux pattes correspondantes et l'autre aux muscles de l'abdomen, et que les fibres composant ces deux nerfs se divisent en faisceaux, tels que ceux que nous venons de décrire, on comprendra la grande complication des origines nerveuses dans ces ganglions. Et si l'on réfléchit aux chances d'altération que le maniement du ganglion pendant le temps de sa préparation peut exercer sur leur distribution, on nous excusera de n'être pas parvenu à une connaissance plus complète sur leur compte.

Avant de terminer ce qui concerne les ganglions abdominaux, il nous faut revenir sur les commissures transversales que nous n'avons fait que mentionner jusqu'à présent :

Elles sont au nombre de trois (*d*, *b*, *a*, fig. 6; pl. XXVIII), l'une supérieure, l'autre moyenne, la troisième inférieure. Lemoine a essayé d'en donner une description ; mais cet auteur, n'ayant pas pratiqué de coupes méthodiques, est tombé dans quelques erreurs. C'est ainsi qu'il en admet tantôt deux, tantôt trois, sans indiquer à quoi est due cette variabilité. Il est vrai qu'il l'admet dans la structure des ganglions selon les individus, et cette variabilité s'étendrait jusqu'à la disposition des cellules[1].

Quant à nous, nous croyons que les éléments nerveux sont disposés selon des lois fixes et bien définies. Nous pensons que ces lois sont invariables chez les divers individus d'une même espèce, et nous attribuons les différences apparentes à des altérations mécaniques survenues pendant la préparation. S'il n'en est pas ainsi, à quoi bon étudier une pareille structure ?

Les trois commissures sont composées de fibres parallèles, unissant les cellules de la couche corticale d'un côté aux cellules de la couche correspondante du côté opposé. Elles ont à peu près la même épaisseur sur toute leur longueur de gauche à droite. Mais elles sont un peu plus larges d'avant en arrière sur les deux faces extérieures du ganglion, leurs fibres s'épanouissent donc sur ces faces pour rejoindre les cellules. Dans la partie moyenne elles n'ont pas la même largeur

---

[1] Lemoine, *loc. cit.*, p. 113.

et la commissure intermédiaire est la plus étroite. On peut se convaincre de ce fait, en suivant une série de coupes verticales d'arrière en avant. Les premières coupes et les dernières ne présentent que deux commissures, la supérieure et l'inférieure. L'intermédiaire n'apparaît que dans la région moyenne, ce qui explique l'assertion de Lemoine qu'il y en a tantôt deux, tantôt trois. Ce dernier chiffre est le seul exact et nous l'avons rencontré lorsque nous avons fait des séries régulières de coupes.

S'il est vrai, comme nous l'avons provisoirement admis plus haut, que des fibres provenant des racines des nerfs périphériques d'un côté se rendent directement aux cellules du côté opposé, les commissures devraient les renfermer. Nous pouvons ajouter dès maintenant qu'il est probable que notre observation anatomique est sur ce point erronée ; car, si des nerfs du côté droit du ganglion, par exemple, envoyaient une partie de leurs fibres aux cellules de la couche périphérique du côté gauche, la blessure ou la destruction de cette couche devrait produire une altération dans les mouvements ou la sensibilité des membres du premier côté. Nos expériences physiologiques nous ont appris qu'il n'en était pas ainsi, et nous devons pour le moment rester dans le doute sur cette question.

Quelques mots enfin sur le dernier ganglion, auquel, à cause de son voisinage de l'anus, nous donnerons le nom de *ganglion anal*. Nous avons mentionné dans notre introduction que Lemoine avait découvert dans ce ganglion chez l'Ecrevisse une racine pour un nerf de la vie organique. D'après cet auteur, le nerf se rendrait aux parois de l'intestin et se ramifierait jusqu'aux organes génitaux. Mais ce qui nous intéresse plus particulièrement ici, c'est la présence, chez le Homard, d'une petite masse ganglionnaire surajoutée à la face postérieure du ganglion anal. Cette masse se présente sous forme d'un renflement d'où partent selon Lemoine les branches intestinales. Tout en renvoyant, pour les détails, au mémoire de Lemoine[1], nous appelons l'attention sur un homologue de ce petit ganglion chez l'Ecrevisse, où l'anatomiste français n'a pas pu le reconnaître, n'ayant pas employé la méthode des coupes.

Nous avons constaté sous un faible grossissement et à l'état frais que le ganglion anal de l'Ecrevisse possède à sa partie postérieure une espèce de petit mamelon ovalaire, qui, sur des coupes transver-

---

[1] LEMOINE, *loc. cit.*, p. 248.

sales, se montre composé par une masse de grandes cellules dont
nous donnons le dessin (pl. XXX, fig. 4).

Ces cellules envoient des prolongements dans les nerfs décrits par
Lemoine, elles reposent sur la ligne médiane de la face inférieure
du ganglion ; nul doute qu'elles représentent l'homologue du renflement signalé chez les Homards, et nous pouvons les considérer
comme une masse ganglionnaire ayant une fonction spéciale dans
le ganglion anal. Cette fonction intéresse sans doute des organes
importants, car les marins qui font la pêche du Homard et qui
l'élèvent dans les viviers, racontent combien ces animaux sont sensibles sous la queue ; ils prétendent qu'un choc ou une légère égra-
tignure dans le voisinage de l'anus ou sur les palettes caudales
suffit pour faire périr l'animal. Au vivier de Roscoff, tous les
Homards achetés vivants aux pêcheurs par l'administration sont
soigneusement examinés en ce point. Nous verrons, du reste, que
ces faits se trouvent confirmés par les expériences physiologiques.

En résumé, les ganglions abdominaux renferment des masses
cellulaires disposées à leur surface.

Les cellules sont à un ou plusieurs prolongements. Il y en a toujours quelques-unes apolaires, et, sans qu'il soit possible actuellement de dire quel rôle elles jouent dans la physiologie des centres
nerveux, nous ne pouvons pas nier leur existence.

Les prolongements constituent par leur groupement les fibres
nerveuses, destinées en partie à sortir par différentes voies du ganglion, pour donner naissance aux nerfs périphériques, en partie à
rester dans le ganglion pour former trois commissures transversales
qui semblent unir les cellules des deux côtés opposés.

Les ganglions renferment en outre, dans leur partie supérieure,
des fibres longitudinales, qui proviennent probablement toutes du
cerveau, et qui, se ramifiant en partie dans chaque nerf, établissent
une solidarité entre le ganglion cérébroïde et toutes les parties du
corps, solidarité qui est prouvée du reste par les expériences physiologiques.

Rien, ni dans la structure, ni dans la distribution des éléments
nerveux, ne nous autorise à y voir une distinction anatomique entre
ceux qui servent au mouvement et ceux qui transmettent les sensa-
tions, ainsi que certains auteurs l'ont laissé entendre.

Ganglions thoraciques. — Nous serons très bref sur les ganglions
thoraciques des Macroures, car ils ne sont que le résultat du grou-

pement de ganglions abdominaux très rapprochés dans le sens longitudinal, en sorte qu'une série de coupes transversales nous donne des résultats analogues à ceux que nous venons d'exposer. Toutefois, comme la distance qui sépare les masses ganglionnaires est plus grande dans le sens transversal que chez les ganglions abdominaux, il s'ensuit qu'ils paraissent plus larges et que les fibres commissurales sont plus longues et plus compliquées dans leur disposition.

Quoi qu'il en soit, les traits généraux de l'organisation restent les mêmes.

Quant au gros ganglion thoracique des Brachyures, il résume à lui seul tous les ganglions abdominaux et thoraciques des Macroures. Nous l'avons étudié chez le *Cancer menas* et le *Cancer paragus*.

Sa structure est compliquée par le fait de la fusion plus ou moins intime des divers ganglions.

Sur des coupes de la région postérieure, on voit que des faisceaux conjonctifs très prononcés séparent encore distinctement ces ganglions ; mais, à mesure qu'on avance, les parois de séparation tendent à s'effacer et à disparaître complètement, si bien que la substance médullaire ne forme plus qu'une masse unissant quelques cellules accumulées à la naissance des nerfs venant de l'anneau œsophagien, des mâchoires, des membres et de l'abdomen.

Le trait général qui est ressorti de l'étude des ganglions abdominaux chez les Macroures, c'est-à-dire la disposition des cellules à la surface du ganglion, se présente également chez les Brachyures ; toutefois, cette disposition n'est pas toujours facile à constater, par le fait que l'accolement des différents ganglions primitifs introduit fréquemment une couche cellulaire à l'intérieur de la masse fibreuse.

Imaginons, par exemple, que deux ganglions A et B viennent à s'accoler dans le sens transversal ; il pourra se présenter le cas où la fusion entre les deux sera assez intime pour que la couche intermédiaire de cellules *c*, située au point de rencontre des deux ganglions, soit complètement refoulée sur les bords supérieur et inférieur, de manière à ne donner qu'une seule masse telle que D. Mais si, au contraire, la fusion est incomplète, on retrouvera entre les fibres quelques cellules *cc*, E, qui, sur des coupes frontales, indiquent par leur présence le point où les deux ganglions primitivement séparés se sont soudés l'un à l'autre.

On peut s'assurer comme cela que la fusion des ganglions est plus avancée chez le *Cancer menas* que chez le *Cancer parayus*, car chez le premier il est rare de rencontrer ainsi des restes de la masse cellulaire interposée entre deux masses médullaires constituant primitivement deux ganglions distincts.

Sur des coupes verticales dirigées d'arrière en avant, lorsque la lame du rasoir rencontre déjà le névrilème du bord postérieur du ganglion, elle coupe un peu au-dessous les nerfs abdominaux. Dans ces premières coupes, nous aurons par conséquent deux masses, l'une supérieure provenant du ganglion, l'autre inférieure touchant encore les nerfs postérieurs, ce qui nous montre que ces derniers ne vont pas s'insérer exactement sur le bord postérieur du ganglion, mais bien à sa face inférieure dans la région postérieure.

Les fibres qui constituent le gros nerf abdominal (voir Milne-Edwards, pl. II, fig. 7, *e*, et 8, *h*, *Histoire naturelle des Crustacés*), poursuivies jusque dans le ganglion, ne s'y unissent pas toutes à des masses cellulaires, mais quelques-unes le traversent complètement pour se poursuivre dans les connectifs de l'anneau œsophagien.

Il en est certainement de même pour un certain nombre de fibres de chacun des nerfs irradiant de ce ganglion, en sorte que la solidarité entre les nerfs qui du ganglion thoracique se rendent dans les membres et la plupart des parties du corps est établie par les fibres de l'anneau œsophagien avec le ganglion sus-œsophagien.

Décrire le trajet des fibres de chaque nerf, les relations qui existent entre elles et les masses cellulaires contenues dans le ganglion sera une étude de longue haleine que nous poursuivrons avec tous les détails qu'elle comporte dans un prochain travail. Pour le moment, nous ne faisons qu'ébaucher le sujet et il est certainement intéressant de voir dès maintenant comment l'histologie pourra devenir d'un certain secours pour l'anatomie comparée.

Puisque nous touchons à ce point, nous ferons remarquer qu'une monographie histologique du système nerveux chez un groupe tel que celui des Brachyures ne pourra jamais être bien claire et complète tant qu'elle ne reposera pas sur une connaissance suffisante de l'évolution du système nerveux chez ces animaux. Or, l'embryogénie est très peu avancée à cet égard.

Si nous continuons l'étude des coupes dans le sens que nous avons indiqué, nous constaterons que l'écorce cellulaire n'existe que dans les parties antérieure et postérieure du ganglion ; elle fait défaut, ou

bien est réduite à quelques cellules seulement, dans la partie moyenne.
C'est dans cette dernière région que la structure semble la plus simple, mais où en réalité elle est la plus énigmatique. D'abord la coupe
est séparée en deux régions latérales par un espace vide. Cet espace livrait passage à l'artère sternale. (Le Maia squinado, qui ne
possède pas de pareil orifice, pourra être avantageusement choisi
pour une étude monographique de ce ganglion.) Les deux parties
pleines présentent l'aspect finement réticulé et sont divisées en régions de formes irrégulières dans le genre du corps médullaire dont
il sera question plus loin à propos du cerveau.

En avant de cette région, lorsqu'on a franchi l'espace libre central
du ganglion, les coupes reprennent l'aspect qu'elles avaient dans la
région postérieure.

Il faut mentionner encore, entre les points de départ des connectifs
œsophagiens, un groupe de grandes cellules qui paraissent envoyer
leurs prolongements dans ces connectifs.

Enfin, on doit noter la disposition parfaitement symétrique des
deux parties du ganglion (pl. XXIX, fig. 3). Cette symétrie n'entraîne
pas toujours une égalité de volume de la masse extérieure de chaque
côté. Tous les anatomistes qui ont disséqué des Crabes ont dû constater qu'il est rare que les deux portions droite et gauche aient le
même volume exactement, et cela sans qu'on puisse dire que la différence porte toujours sur le même côté.

Les masses ganglionnaires sont réunies par des fibres commissurales analogues à celles décrites chez les Macroures.

Cerveau. — Nous voici arrivé au ganglion sus-œsophagien, auquel
nous conservons le nom de *cerveau*, parce qu'il est le plus court, et
non pour préjuger de ses propriétés physiologiques, qui, comme nous
le verrons plus loin, ne concordent pas en tous points avec celles de
l'organe qui porte ce nom chez les animaux supérieurs.

Son étude histologique présente un intérêt incontestable, non seulement en elle-même, mais encore par le fait que des travaux récents
permettent d'établir des comparaisons avec le cerveau d'autres Arthropodes. Depuis quelques années, en effet, la structure de cet
organe chez les Insectes a attiré l'attention des naturalistes et la litté-
rature scientifique possède actuellement sur ce sujet quelques travaux dus pour la plupart aux savants allemands. Comme ces travaux
sont peu connus parmi nous et que nous les avons souvent utilisés
pour l'interprétation de nos propres recherches, nous les résumerons

brièvement en appuyant surtout sur le plus récent et le plus complet, celui de Flœgel [1].

Le cerveau des Insectes est la plus grosse masse ganglionnaire de leur chaîne nerveuse. Déjà Tréviranus avait été frappé de cette particularité chez l'Abeille, et il l'expliquait par le développement énorme des bulbes oculaires. Dujardin, en 1850, publia les résultats de ses recherches sur le cerveau de quelques Hyménoptères et il décrivit avec soin les apparences de circonvolutions qui ornent la surface du ganglion cérébroïde chez les Abeilles, Fourmis, etc. On était alors dans de grandes discussions sur les rapports entre le nombre et la profonneur des circonvolutions du cerveau humain avec le degré d'intelligence; aussi le naturaliste français remarque-t-il avec intérêt que les nodosités n'apparaissent à la surface du cerveau que chez les Insectes les plus industrieux et témoignant par là du plus haut degré d'intelligence. Il les considéra dès lors comme le siège de ces facultés intellectuelles. Dujardin fut le premier qui distingua sur le cerveau des Insectes les enveloppes corticales et une substance granuleuse qui, comme nous le verrons bientôt, en est un élément caractéristique, mais il ne poussa pas bien loin l'étude histologique de ces formations.

Il faut arriver aux travaux de Leydig, Walter, Dietl, Flœgel, etc., pour se convaincre de la grande complication de texture de l'organe en question. Tous ces travaux sont, nous le répétons, de date récente et nous ne devons les considérer que comme des essais propres à établir la topographie du ganglion cérébroïde. Les auteurs ne s'en sont pas tenus à l'examen d'un seul type, mais ils ont passé en revue un certain nombre d'espèces de chaque ordre. L'un d'entre eux a étudié également quelques Crustacés, et en particulier l'Ecrevisse. Pour donner une idée des résultats de leurs recherches, nous exposerons ici la structure du cerveau telle qu'elle se présente chez la *Blatta orientalis*, où elle a été étudiée par Flœgel.

En général, on peut dire que le cerveau est plus compliqué chez les Hyménoptères que chez les Coléoptères et les Lépidoptères. Ces deux derniers ordres occupent à ce point de vue le bas de l'échelle. Les Orthoptères tiennent le milieu entre ces groupes extrêmes; c'est pourquoi nous choisissons la Blatte, qui en fait partie, comme type moyen.

---

[1] FLŒGEL, *Ueber den einheitlichen Bau des Gehirns in den verschiedenen Insekten ordnungen, in Zeitschr. f. w. Zool.*, 1878, 30 Bd., suppl., p. 556.

Sur une coupe mince, transversale, pratiquée vers le milieu du cerveau de la Blatte, on distingue nettement, d'après Flœgel, cinq parties, dont l'une est impaire et les quatre autres paires et groupées symétriquement autour du corps central.

Les auteurs allemands ont donné à ces cinq parties des noms spéciaux qui rappellent soit leur forme, soit leur position. Nous adopterons ici les dénominations de Flœgel.

Le corps central (*Centralkœrper*), impair est fibreux; il a une forme elliptique, légèrement voûtée à sa face supérieure et un peu plus aplatie sur sa face inférieure. Cette forme est à peu près la même sur des coupes horizontales que sur des coupes frontales, ce qui indique qu'il est formé par une masse ellipsoïdale plus ou moins régulière. Dans de bonnes préparations on voit qu'il est formé par deux moitiés, dont l'une supérieure est plus volumineuse que l'inférieure. Le corps central est immédiatement entouré de couches fibreuses qui relient en partie les deux hémisphères de gauche à droite, et pour une autre partie les faces extrêmes d'un même hémisphère d'arrière en avant. Quelques-unes de ces fibres semblent pénétrer dans le corps central. Leydig a découvert le corps central chez la fourmi, mais il l'a considéré comme appartenant au système des commissures. Dietl, qui l'a décrit chez l'Abeille, le désigne sous le nom de corps en forme d'éventail (fæcherformig Gebilde). Le corps central ne renferme jamais de cellules ganglionnaires.

Viennent ensuite les poutres (*Balken*), deux masses fibrillaires situées un peu au-dessus du corps central, auquel elles servent d'assise. Elles sont constituées par des fibres extrêmement minces, droites et parallèles, entremêlées de fibres courbes tournant leur face concave sur le corps central. Sur leur bord extérieur, les poutres se dichotomisent pour envoyer en avant et en haut une branche qui a reçu le nom de *corne antérieure* à cause de sa forme. A son point de départ, elle est presque aussi grosse que la poutre. Sur des coupes frontales, sa structure est nettement fibrillaire, tandis que sur des coupes horizontales elle apparaît comme composée d'une infinité de petits points. Flœgel n'a pas réussi à constater une relation entre ces fibres et les cellules ganglionnaires. Quant à la *branche postérieure*, elle se bifurque elle-même et les fibres qui la constituent s'étalent dans la masse nerveuse sous forme de pinceaux.

On rencontre sur les bords externes du cerveau, et de chaque côté, deux masses médullaires, auxquelles les auteurs ont donné bien des noms divers (disques, proéminences médullaires, corps en forme de tête de champignon, etc., etc.). Flœgel les nomme *gobelets* (Becher).

On peut distinguer un gobelet externe placé en arrière et un gobelet interne placé en avant, de telle sorte que sur une suite de coupes frontales ce dernier apparaîtra plus tôt et finira de même que le premier. Sur de pareilles coupes, la forme des gobelets rappelle celle d'un fer à cheval. Leurs parois sont composées de deux substances différentes. Quant à leur contenu, il est composé de très petites cellules dont on n'aperçoit sur les coupes que les noyaux et de petits faisceaux de fibres extrêmement minces. Quelques-unes des cellules envoient leurs fibres sur les bords du gobelet, les autres sur la branche postérieure que nous avons mentionnée comme provenant des poutres.

D'après l'appréciation de Flœgel, le nombre des cellules pour un seul gobelet monterait à 17 000. Et comme le cerveau renferme quatre de ces formations, on arriverait pour leur ensemble à un total de 68 000 cellules.

Autour de ces formations principales, se voient des masses fibreuses enveloppantes qu'on peut, selon le même auteur, diviser de la manière suivante :

a. Voisinage immédiat du corps central.

b. Espace compris entre la corne antérieure et la branche postérieure.

c. Région en avant du corps central jusqu'à la face antérieure du cerveau.

d. Région au-delà des cornes jusqu'aux lobes optiques et olfactifs.

e. Région basale au-dessous des poutres.

f. Face postérieure du cerveau.

Pour les détails de ces formations, Flœgel renvoie à un travail détaillé qui doit paraître prochainement.

De même que pour les fibres, on peut distinguer plusieurs régions dans la couche corticale du cerveau, qui est formée de cellules ganglionnaires :

a. Les environs immédiats du *sulcus longitudinalis*, c'est-à-dire du faisceau conjonctif qui établit la séparation du cerveau en deux moitiés. Ils sont occupés par de grandes cellules qui s'étendent presque jusqu'au corps central et envoient des prolongements dans son faisceau de fibres enveloppantes.

b. Une région au-dessous des gobelets, sur la face antérieure, qui est occupée également par de grosses cellules disposées symétriquement.

c. Une masse de cellules ganglionnaires en dehors des cornes antérieures.|

d. Une autre masse au-dessous de la paroi du gobelet externe.

e. Une région à la face postérieure au-dessous des cellules des gobelets ; elle est limitée latéralement par les lobes optiques.

f. Les cellules basales situées au-dessous des poutres.

Quant au lobe optique, il faut l'étudier sur des coupes frontales et sagittales ; les fibres qui le composent ont une disposition nucléée, mentionnée d'abord par Leydig et soigneusement étudiée par Berger[1].

Le lobe olfactif est enveloppé de petites cellules ganglionnaires, et son contenu présente de petites nodosités arrondies, auxquelles Flœgel a donné le nom de *corps olfactifs*. Ces nodosités ne renferment pas de noyaux, mais sous de forts grossissements les corps olfactifs présentent un aspect réticulé et sont unis entre eux par des fibrilles extrêmement ténues. Flœgel évalue leur nombre de 100 à 150 dans chaque lobe.

Enfin, sur la face inférieure du cerveau, se voient deux petits ganglions uniquement constitués par des cellules. Ils sont réunis au cerveau par des styles fibreux et seraient en relations, selon Küpfer, avec les glandes salivaires, sur les fonctions desquelles ils auraient de l'influence.

Le cerveau de la Blatte est entouré d'un névrilème très tendre et très délicat, pourvu d'une couche de noyaux disséminés.

Nous n'avons pas fait de recherches personnelles sur le cerveau des Insectes et ce que nous venons d'en dire est dû uniquement aux anatomistes allemands. On voit, en résumé, que le cerveau chez ces animaux est composé de deux moitiés symétriques séparées par une masse fibreuse impaire, le corps central, autour duquel se groupent avec ordre divers systèmes de fibres et de cellules.

Chez les Crustacés décapodes, nous retrouvons ces traits caractéristiques avec un degré de complication un peu moindre, ce à quoi nous pouvions du reste nous attendre, l'ensemble de l'organisation des Crustacés étant inférieur à celle des Insectes. Les différences qui distinguent le cerveau dans ces deux classes consistent princi-

---

[1] E. BERGER, *loc. cit.*

palement dans les rapports de position des éléments. Il est bien certain que le défaut de données sur l'histogenèse du tissu nerveux central et en particulier du tissu ganglionnaire nous empêchera encore longtemps de bien comprendre ces rapports et de leur assigner leur vraie signification. Nous ne faisons que commencer dans ce sens des recherches qui promettent une riche moisson de faits intéressants pour la physiologie comparée.

Nous avons choisi comme objets d'étude l'Écrevisse et le Homard parmi les Macroures, et surtout le Cancer menas parmi les Brachyures. Ce que nous allons en dire pourra cependant être considéré comme applicable aux autres espèces des mêmes groupes.

On comprendra qu'il nous ait été absolument nécessaire de nous restreindre à des types bien répandus et faciles à se procurer en tout temps. Cependant il nous a été donné de pouvoir examiner, pendant notre séjour à Roscoff, un assez grand nombre de types se rapportant aux deux ordres précités, et nous avons pu nous convaincre de la grande uniformité qui règne dans le plan général de l'organisation du cerveau chez ces animaux. C'est en vertu de ce fait que nous recommandons aux naturalistes qui voudraient obtenir de jolies préparations démontrant la structure de cet organe, de le faire sur le cerveau des Homards, Langoustes, etc., qui, étant relativement gros, procure des coupes s'interprétant plus facilement que celles provenant de l'Écrevisse ou du Palémon. Le cerveau de ces derniers pourra au contraire servir à prendre de bonnes vues d'ensemble.

Les différentes régions du cerveau de l'Écrevisse, par exemple, sont très-apparentes sous un faible grossissement, tandis que chez le Homard elles se confondent sous l'enveloppe conjonctive plus opaque.

Pour enlever le cerveau, qui est toujours d'une délicatesse extrême, il est nécessaire de prendre certaines précautions que nous allons brièvement indiquer. Et d'abord, il est bon de le retirer d'un animal vivant. Après avoir chloroformisé l'Écrevisse, par exemple, on fait sauter le rostre d'un coup de ciseau, puis, introduisant la pointe de fins ciseaux bien trempés dans la fente ainsi pratiquée, on détache la carapace sur toute la région céphalo-thoracique. De cette manière, on a mis à nu l'estomac, le cœur, etc. On fixe alors la partie antérieure de l'animal sur une plaque de liège et on continue la dissection sous l'eau. Il faut maintenant détacher la partie antérieure du canal digestif et découvrir de cette façon le cerveau et la commissure œsophagienne. Une fois cette opération terminée, on coupe délicatement un à un tous les points d'attache du ganglion cérébroïde et on sectionne les nerfs qui en partent, aussi loin que possible de leur racine.

Avec un peu d'habitude, on parvient très bien à retirer de cette manière le cerveau, que l'on reçoit dans un verre de montre et qu'on peut observer sur un faible objectif, s'il provient d'un individu jeune et de petite taille. Il faut éviter toute traction trop forte, qui a pour résultat d'altérer la symétrie des éléments ; ce n'est qu'à force de délicatesse que l'on arrive à des résultats comparables.

Si le cerveau n'est pas assez transparent, on peut le laisser séjourner quelques minutes dans une solution de picro-carminate, jusqu'à ce qu'il ait acquis une teinte rosée, puis le monter dans une forte cellule avec de l'eau glycérinée.

A la lumière directe, le cerveau de l'Écrevisse se présente sous une forme quadrangulaire un peu plus large que haute et limitée partout par des lignes courbes. La masse est bombée en différents points sur sa face inférieure et régulièrement convexe sur la supérieure.

On y distingue quatre nodosités opaques qui tranchent sur l'ensemble de la masse par leur grande blancheur.

A la lumière transmise, et lorsqu'on a légèrement comprimé le cerveau sous une lamelle de verre, il semble renfermer huit mamelons opaques, plus sombres que le reste de la masse ganglionnaire, et qui ne sont que les quatre nodosités déjà mentionnées. Elles se trouvent dédoublées comme l'indique la figure 2, pl. XXX, de sorte qu'on en voit plus ou moins distinctement deux aux faces antérieure et postérieure (*ma* et *mp*) et deux contre les faces latérales (*ml*).

Ces masses ne sont jamais très distinctes et confluent le plus souvent l'une sur l'autre.

Le *mamelon antérieur* (*ma*) comprend deux nodosités d'où partent les nerfs optiques, ce qui leur a valu le nom de *ganglions optiques*. Elles sont légèrement ovoïdes, le grand axe étant dirigé un peu en dehors, selon la direction des nerfs optiques. A leur point d'origine, les fibres qui constituent ces derniers forment un chiasma que nous avons figuré en 5, pl. XXX, fig. 5, donnant une coupe demi-schématique du cerveau de l'Écrevisse. (Nous avons emprunté cette figure au mémoire de Dietl comme représentant bien la disposition générale des éléments dans le cerveau.)

C'est également de ces masses que partent les nerfs oculo-moteurs et les nerfs frontaux.

. Les nodosités de ce mamelon, examiné par sa face supérieure, sont très rapprochées, en sorte qu'elles paraissent souvent ne former qu'une masse telle que celle indiquée par Walter[1].

Les nodosités correspondantes dans le mamelon postérieur sont plus irrégulières, quoique leur contour soit limité par des lignes courbes. Elles donnent apparemment naissance aux fibres de la commissure œsophagienne, et peut-être en partie à celles des nerfs des antennes externes.

Quant aux mamelons latéraux, les nodosités qui les constituent sont plus grosses que dans les mamelons antérieur et postérieur, et cela est surtout vrai pour la nodosité postérieure, comme le montre la figure 3, pl. XXX. Ils donnent apparemment naissance aux nerfs des antennes internes, aussi bien sensitifs (olfactifs) que moteurs, et à la plus grande partie des fibres composant les nerfs des antennes externes. Nous verrons qu'un faisceau de fibres composant le chiasma des nerfs optiques y prend également naissance (c, fig. 5, pl. XXX).

Sous un grossissement plus fort, ces diverses nodosités se montrent légèrement fibrilleuses et leur surface est divisée en régions rectangulaires simulant un jeu de pelots ; mais les rectangles n'ont rien de régulier. Leur structure histologique est restée obscure, jusqu'à ce qu'on ait pratiqué des coupes méthodiques dans diverses directions. Dietl, le premier, est entré dans cette voie ; mais son travail, dirigé surtout sur le cerveau des Insectes, est très-bref sur celui des Crustacés.

Outre les portions que nous venons de décrire, on peut encore reconnaître, dans les parties les plus claires du cerveau, des fibres commissurales, qui constituent, pour la plus grande partie, la masse de remplissage entre ces diverses portions.

Jusque dans ces derniers temps, on admettait que les nodosités étaient des masses cellulaires dans lesquelles les nerfs cérébraux prenaient naissance, et, en effet, si on poursuit les fibres d'un de ces nerfs jusque dans la masse cérébrale, on les voit aboutir à des cellules mono ou bipolaires. Mais nous savons maintenant, en outre, que

---

[1] WALTER, *Mikrosk. Studien über das Nervensystem Wirbellosethiere*, Bonn, 1863.

ces cellules peuvent paraître plus évidentes en certains points ;
c'est ainsi qu'on en trouve une petite accumulation très visible entre
les deux nerfs optiques près de leur point d'origine dans les mamelons antérieurs, de même qu'entre les deux connectifs de l'anneau
œsophagien.

Quant aux nodosités elles-mêmes, des coupes fines nous apprennent qu'elles ne sont pas entièrement cellulaires, et qu'elles renferment une substance compacte, divisée en cubes ou en lamelles
rectangulaires. Nous conserverons à cette substance le nom de *substance médullaire* que lui a donné Dietl. Elle est entourée extérieurement par une couche de noyaux cellulaires serrés les uns contre
les autres, qui se colorent vivement dans le picro-carminate, et sur
lesquels nous reviendrons bientôt en parlant de la masse médullaire
des mamelons latéraux.

Ces deux gros mamelons sont les plus importants au point de vue
physiologique. Ils résultent, en effet, d'un complexus de fibres et de
substance médullaire que dans ces derniers temps Bellonci [1], qui les
a retrouvés et décrits chez la *Squilla mantis*, a comparé aux grands
lobes du cerveau chez les animaux supérieurs. Nous devons par conséquent entrer dans quelques détails à leur propos.

Si l'on jette les yeux sur la figure schématique du cerveau de l'Ecrevisse (fig. 5, pl. XXX), on voit en *a, b* les deux masses latérales dont
il est question, entourées d'une couche de cellules ganglionnaires
(*g k*), qui sur la coupe se présente avec une forme triangulaire. La
masse elle-même est constituée par de la substance médullaire.
L'étude histologique de cette dernière est assez difficile, en ce sens
qu'elle n'a pas de structure bien définie. Elle est dense, compacte,
finement et irrégulièrement granuleuse ; par-ci par-là, on y aperçoit
les mailles d'un tissu finement réticulé. Une lamelle de tissu conjonctif l'enveloppe et envoie des prolongements à l'intérieur de la
masse, de manière à la diviser en plaques carrées ou rectangulaires
plus foncées dans le centre que sur les bords, et que nous avons
essayé de représenter fig. 1, pl. XXX ; d'autres fois, les limites sont
des lignes courbes (fig. 2, pl. XXIX). Comme ces divisions se retrouvent
sur les coupes sagittales et horizontales, on est porté à considérer la
substance médullaire comme étant divisée en espèces de cubes par
ces lamelles conjonctives.

---

[1] G. BELLONCI, *Morfologia del sistema nervoso della Squilla mantis*, in *Annali de
museo civico di storia naturale di Genova*, 1878, p. 518.

La substance médullaire se distingue des autres portions du tissu nerveux par la coloration plus intense qu'elle prend sous l'action de l'acide osmique, coloration sur laquelle Dietl a déjà appelé l'attention.

Elle est traversée par des faisceaux de fibres qui proviennent probablement de la masse des noyaux ganglionnaires et qui la sillonnent en différents sens pour se réunir en un gros tronc (5, fig. 2, pl. XXIX), dirigé sur l'intérieur du ganglion. Le trajet ultérieur de ces fibres est très difficile à indiquer. Nous mentionnerons spécialement un faisceau qui s'en détache et qui, s'inclinant vers la face antérieure du cerveau, y va mêler ses fibres à celles du chiasma des nerfs optiques. Nos coupes nous ont bien montré cette disposition, qui se trouve indiquée dans la figure schématique (c, fig. 5). Le nerf optique prendrait donc naissance en partie dans la masse médullaire qui est, à son origine, en partie dans la masse latérale.

Berger[1], dans un travail récent, s'élève contre cette double origine et il cite une observation de Rabl-Ruckart relative à cette question. Cet habile anatomiste a montré en effet que les corps en gobelet, c'est-à-dire précisément les mamelons latéraux dont nous nous occupons, étaient parfaitement et normalement développés chez les fourmis aveugles du genre *Typhlopoma*, d'où il conclut qu'il n'existe pas de relations entre ces mamelons et le nerf visuel chez les Insectes. Quoi qu'il en soit, nous répétons que, sans vouloir considérer les mamelons latéraux comme le lobe optique par excellence, nous tenons de leur observation qu'ils fournissent quelques fibres au nerf optique. Du reste, l'argument de Rabl-Ruckart repris par Berger n'a pas en réalité une grande valeur. L'absence absolue d'organes visuels périphériques chez les Typhlopomes est probablement due à une rétrogradation par voie d'adaptation, rétrogradation qui peut ne pas avoir encore atteint l'organe central, le ganglion.

Nous ajouterons encore, à propos de la couche cellulaire qui enveloppe les mamelons, qu'elle apparaît sur les coupes comme une masse de noyaux très rapprochés, sans qu'il soit possible d'y reconnaître d'enveloppe cellulaire. Ces noyaux sont à peu près tous de même taille, mais ils sont plus ou moins altérés dans leur forme par la préparation. Comme on les retrouve toujours autour des masses mé-

---

[1] BERGER, *Nachtrag zu den Arbeiten aus dem Zool. Inst. der Universität Wien*, 1878, III Heft.

dullaires, il est bien évident qu'ils jouent un rôle principal dans la physiologie, mais leur histologie réclame de nouvelles études.

Le cerveau des Crabes est constitué absolument sur le même plan, comme on peut le constater en examinant la figure 1, pl. XXIX, qui représente une coupe verticale du cerveau du Cancer menas dans sa partie postérieure. On y voit les mêmes éléments disposés symétriquement de chaque côté d'une manière analogue à celle que nous venons de décrire chez l'Ecrevisse.

Les masses médullaires des mamelons latéraux sont divisées en avant et en arrière en une masse supérieure et une masse inférieure, mais dans la partie moyenne ces deux masses sont réunies en une seule présentant la forme d'une tête de champignon et traversée par des fibres provenant de la couche à noyaux (fig. 2, pl. XXIX). En outre, dès masses de même nature se rencontrent sur la face supérieure du cerveau de chaque côté de la ligne médiane, à la naissance des nerfs de l'anneau œsophagien et sur la même face de la partie antérieure, à la naissance des nerfs optiques. Ces derniers forment un chiasma, comme chez les Macroures.

Chaque nerf irradiant du cerveau prend naissance dans un groupe de cellules ganglionnaires grandes et petites irrégulièrement mélangées, sauf entre les racines des nerfs de l'anneau œsophagien et celles des nerfs optiques, où les grandes cellules sont particulièrement ascendantes.

Il n'y a pas de corps central comme chez les Insectes, mais trois systèmes de fibres commissurales, l'un supérieur, le second moyen, le troisième inférieur, analogues à ceux déjà décrits pour les autres ganglions. Ces fibres passent à travers une épaisse cloison de tissu conjonctif qui sépare le cerveau en deux régions, droite et gauche.

Si maintenant nous comparons l'organisation générale du ganglion cérébroïde à celle que nous avons appris à connaître dans les autres ganglions de la chaîne abdominale, nous trouvons entre eux une remarquable unité de composition. La complication plus grande de cet organe est due à la même cause que celle du ganglion thoracique chez les Brachyures, c'est-à-dire à un fusionnement de ganglions primitivement simples. Il résulte de ce que nous venons d'en dire que le cerveau comprend trois paires de ganglions, correspondant à la masse médullaire qui se trouve à la base des nerfs optiques, à celle qui constitue les mamelons latéraux, et enfin à la masse médullaire d'où partent les nerfs de l'anneau œsophagien.

Nous ne devons pas nous dissimuler combien est imparfaite encore notre connaissance de ce ganglion ; ce n'est que par une étude très détaillée, poussée dans toutes les directions, que nous pourrons éclaircir complètement sa structure si compliquée. Nous ne pouvons pour le moment qu'en indiquer les traits principaux.

Nous résumerons dans les propositions suivantes les faits acquis jusqu'à présent dans ce travail :

1. Le système nerveux des Crustacés décapodes présente la même composition élémentaire que celui des animaux vertébrés.

2. Les éléments sont des tubes ou fibres primitives et des cellules.

3. Les tubes nerveux sont répandus dans les nerfs périphériques, les commissures transversales et les connectifs longitudinaux.

4. Etudiés à l'état frais dans du sang de l'animal dont ils proviennent ou d'autres liquides neutres (salive, humeur aqueuse, etc.), ils présentent une enveloppe et un contenu.

5. L'enveloppe est ferme, élastique, résistante et tapissée de noyaux irrégulièrement distribués ; elle est simple dans les tubes les plus étroits et double dans les plus larges. Dans les tubes de diamètre moyen, on constate que l'enveloppe simple se dédouble au niveau des noyaux.

6. L'épaisseur de l'enveloppe varie de 0,5 à 2 μ.

7. Le contenu des tubes est semi-liquide, visqueux, toujours parfaitement clair et homogène.

8. L'eau distillée et la plupart des réactifs employés en histologie coagulent le contenu des tubes nerveux et y font apparaître des granulations considérées comme normales par les premiers observateurs. Ces granulations n'existent jamais à l'état frais.

9. Dans les tubes très larges on peut bien noter une concentration plus grande du plasma nerveux dans le milieu du tube, qui se trahit par un aspect nuageux dans cette région ; mais, contrairement à l'opinion de Remak, nous n'y avons jamais rencontré de faisceaux fibrillaires qui puissent être homologués avec le cylindre-axe des nerfs des Vertébrés. La structure fibrillaire n'apparaît qu'après l'action des réactifs.

10. Les tubes nerveux se dichotomisent distinctement au point de départ des nerfs périphériques et dans les points de ramification de ces derniers.

11. La distinction des tubes nerveux en tubes étroits et tubes lar-

ges ne peut s'établir d'une manière rigoureuse, en ce sens qu'on en rencontre de toutes les dimensions dans les différents points de la chaîne ganglionnaire. Les plus gros atteignent un diamètre de 150 μ, les plus minces de 10 μ.

12. Les cellules sont répandues dans toutes les masses ganglionnaires et elles ont dans toutes les mêmes caractères généraux.

13. Elles sont ovalaires, pyriformes, fusiformes. On y distingue comme dans les tubes une enveloppe et un contenu.

14. L'enveloppe est parfois si fine qu'il est difficile de la mettre en évidence. Elle ne présente jamais de noyaux comme celle des tubes et jamais un double contour.

15. Le contenu est en tous points semblable à celui des tubes.

16. Il y flotte un nucléus (quelquefois deux) renfermant un ou plusieurs nucléoles qui peuvent à leur tour renfermer de très petits nucléolules. Ces derniers ne sont que des amas de granulations.

17. Le nucléus ne possède pas d'enveloppe ; il est sphérique ou ovoïde. Sa position dans le corps cellulaire est généralement excentrique.

18. Les cellules sont apolaires, monopolaires, bipolaires. Quelquefois on en rencontre à trois prolongements.

19. Les dimensions varient autant que celles des tubes. Nous en avons mesuré de 30 μ et de 200 μ.

20. Il n'y a pas de rapport constant entre le diamètre des cellules et celui des tubes qui en partent.

21. Les cellules sont généralement entourées, outre leur enveloppe propre, d'une épaisse gaîne conjonctive.

22. Elles se comportent vis-à-vis des réactifs de la même manière que les tubes et ces derniers ne sont bien en réalité que de simples prolongements cellulaires. L'acide azotique et l'acide picrique font apparaître sur ces deux éléments des striations longitudinales très caractéristiques, qui parlent en faveur de leur identité.

23. L'absence de myéline et de cylindre-axe différencié dans les tubes nerveux des Crustacés, la forme et la composition des cellules, rapprochent ces éléments de ceux du système grand sympathique chez les Vertébrés ; ils n'en diffèrent que par leurs grandes dimensions.

24. Les éléments nerveux groupés dans les connectifs et les ganglions sont entourés d'une double enveloppe conjonctive, un névrilème interne et un névrilème externe.

25. Le névrilème externe est résistant, compact, brillant. Il est fi-

nement strié longitudinalement, renferme des noyaux, des fibres élastiques et quelquefois des cellules pigmentaires étoilées. L'ensemble de sa structure rappelle celle de la *gaîne lamellaire* de M. Ranvier, enveloppant les faisceaux nerveux chez les Vertébrés.

26. Le névrilème interne est mou et lâche. Il abonde surtout chez les jeunes animaux, où il est essentiellement composé de lamelles, de fibres et de noyaux. Il se rapproche par sa structure du *tissu intrafasciculaire* de M. Ranvier. De même que ce dernier tissu, il pénètre entre les faisceaux nerveux; c'est lui en particulier qui constitue la cloison médiane qui divise la chaîne abdominale en deux moitiés longitudinales. Il est en outre parcouru par des vaisseaux sanguins.

27. Des coupes transversales nous apprennent que les connectifs de la chaîne ne sont composés que de tubes nerveux irrégulièrement distribués. Il n'y existe nulle part de séparation entre les fibres larges et les fibres étroites.

28. Les tubes de la région droite du connectif se rendent dans la portion droite du ganglion suivant, sauf ceux qui s'en détachent pour constituer les nerfs latéraux. Il n'y a jamais entrecroisement des fibres.

29. Les cellules des ganglions sont en général distribuées à leur surface. Dans les ganglions abdominaux elles abondent surtout à la face supérieure et sur les faces latérales.

30. Il n'y a pas de séparation régulière entre les grandes et les petites cellules. Elles sont toujours mélangées.

31. La face supérieure du ganglion est occupée par des faisceaux de fibres longitudinales qui le traversent sans s'y arrêter. Ces fibres montent probablement toutes dans le cerveau et établissent de cette manière une solidarité entre cet organe et les autres ganglions de la chaîne.

32. Il existe, dans chaque ganglion, trois faisceaux de fibres commissurales qui unissent les deux parties latérales d'un même ganglion.

33. Les ganglions thoraciques des Macroures ont une structure analogue à celle des ganglions abdominaux, sauf de petites différences résultant du rapprochement de plusieurs masses ganglionnaires en une seule. Ces différences s'accusent davantage dans l'unique ganglion thoracique des Brachyures.

34. Le ganglion cérébroïde ou cerveau est constitué sur le même plan chez les Macroures et les Brachyures.

35. Ce plan est analogue à celui décrit par les auteurs pour le cerveau des Insectes.

36. Or peut distinguer dans le cerveau des Crustacés des mamelons antérieurs, latéraux et postérieurs.

37. Les mamelons sont constitués par une substance médullaire compacte, finement ponctuée, divisée en masses' plus ou moins cubiques par de fines lamelles conjonctives. Elle se distingue du reste de la masse nerveuse en prenant une coloration plus vive sous l'action de l'acide osmique.

38. La substance médullaire est recouverte d'une couche de noyaux, autour desquels il n'est pas possible de distinguer une enveloppe cellulaire.

39. Les nerfs des sens spéciaux prennent leur origine dans des cellules à la surface des mamelons. Il est difficile, actuellement, d'assigner la place d'origine ou le groupe cellulaire d'où provient chaque nerf en particulier.

40. L'étude histologique du cerveau confirme les vues théoriques anciennement émises par M. Milne-Edwards, qui le conduisaient à considérer cet organe comme formé de trois paires de ganglions.

II

PHYSIOLOGIE DE LA CHAINE GANGLIONNAIRE CHEZ LES CRUSTACÉS.

« Le sujet du système nerveux des Articulés, dit M. Vulpian dans ses belles *Leçons sur la physiologie du système nerveux*, est un sujet qui n'a encore été qu'effleuré jusqu'ici, et avant d'établir une généralisation, il nous faut attendre que la physiologie ait enregistré une série importante de faits expérimentaux[1]. » Depuis l'époque où ces lignes ont été écrites, quelques travaux ont paru, qui ont apporté quelques éléments pour la solution de l'intéressant problème des fonctions du système nerveux des Invertébrés, dont nous devons dire quelques mots. Pour ce qui nous concerne, nous n'avons pas eu d'autre prétention que d'aider dans la mesure de nos moyens à la connaissance de ces fonctions, et cela en nous limitant au groupe des Crustacés supérieurs. L'ère des généralisations n'est pas encore venue, nous voulons seulement apporter quelques pierres à l'édifice.

---

[1] VULPIAN, *Leçons sur la physiologie du système nerveux*, p. 145.

Outre le célèbre travail de M. Faivre sur les fonctions de la chaîne ganglionnaire chez le Dytique, la science possède encore quelques observations relatives à d'autres Arthropodes, mais elles se trouvent disséminées dans des ouvrages généraux ou des mémoires relatifs à l'anatomie. Pour ce qui concerne les Insectes, on trouvera un bref résumé des faits connus dans les mémoires de M. Faivre et dans les *Leçons* de M. Vulpian.

Tréviranus, Burmeister, Rengger, Dugès, Walckenaer et Dujardin, mentionnent chacun, dans leurs travaux anatomiques sur les Arthropodes, quelques observations physiologiques qui ne manquent pas d'intérêt en elles-mêmes, mais qui, jusqu'aux observateurs plus modernes, n'avaient pas été soumises à une appréciation méthodique. L'on est généralement d'accord pour considérer les mémoires de Yersin[1] et de Faivre comme les premières tentatives qui nous aient donné des connaissances vraiment scientifiques sur le rôle des centres nerveux chez les Invertébrés. Claude Bernard[2], dans ses *Leçons sur le système nerveux*, ne fait mention que des résultats obtenus par ces deux habiles expérimentateurs.

Quant aux Crustacés spécialement, nous trouvons quelques données sur les fonctions de la chaîne nerveuse, mais elles sont disséminées-dans plusieurs ouvrages, et il n'existe à leur égard aucun travail d'ensemble[3].

A la suite des mémorables découvertes de Ch. Bell et de Magendie sur les fonctions spéciales des racines nerveuses chez les Vertébrés, quelques savants, éblouis, pour ainsi dire, par l'éclat de ces découvertes, tentèrent des recherches analogues sur des Invertébrés et ne manquèrent naturellement pas d'y retrouver tout ce que les deux grands physiologistes que nous venons de citer avaient eux-mêmes découvert chez les animaux supérieurs.

C'est ainsi qu'à la suite de leurs expériences, Newport, Valentin, Longet, etc., admirent, chez les Crustacés comme chez les Vertébrés, deux ordres de racines nerveuses, les unes présidant au mouvement, les autres à la sensibilité. Voici ce que dit à ce propos M. Vulpian (*Leçons*, p. 140) : « Ce n'est que vers 1833 que, sur l'invitation de

---

[1] Yersin, *Recherches sur les fonctions du système nerveux des animaux articulés,* in *Bulletin de la Société vaudoise des sciences naturelles,* t. V, p. 119, 1856.

[2] Claude Bernard, *Leçons sur la physiologie et la pathologie du système nerveux,* 27e leçon, p. 505, 1858.

[3] Voir les ouvrages cités de Milne-Edwards, Vulpian, Lemoine, etc.

Ch. Bell, G. Newport s'occupa du système nerveux des Crustacés. Ses études portèrent d'abord sur la chaîne ganglionnaire du Homard et montrèrent que cette chaîne consiste de chaque côté en deux cordons superposés et longitudinaux. Sur le trajet du cordon supérieur existent des ganglions ; le faisceau supérieur n'en présente point ; les deux cordons supérieur et inférieur ne se réunissent par aucun filament nerveux, ils sont simplement superposés. De chacun de ces cordons partiraient des racines nerveuses, les unes du cordon supérieur, les autres des ganglions du cordon inférieur. Ces deux racines, du reste, ne tarderaient pas à se réunir en un seul nerf. Cette disposition inspira à Newport une assimilation que vous comprenez déjà. Pour ce physiologiste, le cordon supérieur donne naissance à des racines motrices qui sont les analogues des racines antérieures, le cordon inférieur ganglionnaire donne naissance à des racines sensitives.

« Il constata bientôt une disposition analogue chez les Arachnides (*Scorpio europæa*), chez les Myriapodes, tels que le *Scolopendra morsitans*, et chez des Insectes (*Carabus, Sphynx ligustri*).

« Valentin fit sur l'Ecrevisse des recherches anatomiques qui confirmèrent celles de Newport, et il tenta même quelques expériences. Plus tard, des recherches du même genre furent entreprises par M. Longet sur la Langouste. M. Longet dit avoir reconnu l'exactitude des descriptions anatomiques données par Newport et Valentin. Il s'attacha surtout, d'ailleurs, à instituer des expériences propres à fournir une détermination précise du siége de la sensibilité et de la motricité dans le système nerveux. Il fendait supérieurement l'enveloppe calcaire, et mettait ainsi à nu la chaîne ganglionnaire dans sa portion abdominale ; puis il irritait successivement les racines nerveuses, les cordons interganglionnaires et les ganglions.

« Trois racines sortent, de chaque côté, d'un ganglion ou d'un cordon interganglionnaire. M. Longet fit d'abord porter son excitation sur celle qui sortait visiblement du faisceau supérieur. L'animal ne donna aucun signe de douleur, mais des contractions locales très violentes éclatèrent ; l'excitation des deux autres racines ne produisit que fort peu de contractions, tandis que l'animal donna des signes manifestes de douleur. Cependant, M. Longet n'attribue pas à cette expérience une importance capitale et décisive. Il nous avertit qu'il n'y a peut-être que coïncidence entre l'excitation des deux racines et une souffrance éprouvée par l'animal mutilé. Toutefois, un fait anatomique rendrait, d'après M. Longet, ce résultat expérimental plus significatif, c'est l'existence d'un petit renflement sur l'une des deux dernières racines, renflement qui pourrait être assimilé au ganglion spécial des Vertébrés.

« Portant ensuite l'excitation sur des cordons interganglionnaires et sur les ganglions, M. Longet a constaté que l'excitation mécanique d'un des ganglions avec la pointe d'une lancette détermine une vive douleur, qui se traduit par les efforts que fait l'animal pour échapper. La section des faisceaux interganglionnaires, de manière à former un bout caudal et un bout céphalique, a aussi fait bondir l'animal. Mais le phénomène sur lequel M. Longet appelle surtout l'attention, c'est la paralysie de toute la région du corps qui se trouvait en arrière de la section : cette paralysie semblerait prouver, dit M. Longet, que chez les Invertébrés chaque ganglion ne travaille pas isolément, comme beaucoup de physiologistes l'admettent, mais que la force nerveuse s'y propage, comme chez les animaux supérieurs, dans un sens centrifuge. Enfin, l'excitation de la face supérieure du bout caudal donna lieu à quelques contractions, tandis que l'excitation de la face inférieure ou ganglionnaire ne produisit aucune contraction. Il résulte, selon M. Longet, de ces expériences, que, chez les Annelés comme chez les Vertébrés, il existe un appareil nerveux sensitif et un appareil nerveux moteur distincts, qui conduiraient, comme chez les animaux supérieurs, l'action nerveuse dans un sens inverse. »

M. Vulpian a voulu lui-même vérifier ces faits, et son exemple a été suivi par M. Lemoine dans son important mémoire sur l'Ecrevisse. Ni l'un ni l'autre de ces deux auteurs n'a pu obtenir, en répétant les expériences précitées, les résultats indiqués par M. Longet, et tous deux sont d'accord pour considérer les différences fonctionnelles attribuées aux racines nerveuses partant de la chaîne ganglionnaire, aussi bien qu'aux faces supérieure et inférieure de cette dernière, comme purement illusoires. Nous verrons bientôt que nos propres recherches nous ont conduit à la même conviction.

Nous devons encore indiquer, comme se rattachant à notre sujet, un mémoire de Dogiel sur les fonctions du cœur chez les Crustacés, et le récent travail de M. Félix Plateau sur l'innervation du cœur chez les mêmes animaux. La première partie de ce travail, que le savant professeur de Gand a eu l'obligeance de nous adresser, comprend l'étude du cœur chez l'Ecrevisse et le Cancer menas. C'est avec un sensible plaisir que nous avons pu constater que quelques-unes de nos observations concordaient en tous points avec celles contenues dans ce mémoire.

Tel est le résumé des principaux travaux que nous avons pu utiliser avec fruit et que nous nous réservons de faire mieux connaître en exposant nos recherches personnelles.

Pour ce qui nous concerne, nous avons spécialement porté notre attention sur la physiologie de la chaîne ganglionnaire, de ses ganglions et de leurs connectifs. Nous avons procédé en détruisant ou altérant, soit mécaniquement, soit chimiquement, les différents points dont nous voulions étudier la fonction, et il nous faut à cet égard présenter quelques observations générales.

Toute blessure, quel que soit son siége, pratiquée sur un Crustacé, a pour premier effet de produire une perte de sang plus ou moins prolongée qui affaiblit l'animal. Aussi est-il nécessaire, lorsqu'on tient à obtenir des résultats précis, de limiter la perte de sang en bouchant l'orifice de la blessure avec de la cire molle ou simplement de la mie de pain pétrie avec un corps gras. Certains Crustacés, comme les Crabes par exemple, se guérissent facilement de pareilles blessures ; aussi nous sommes-nous donné pour règle, lorsque nous opérions sur ces animaux, de les préparer pour ainsi dire, avant de tenter l'expérience, en mettant à nu le ganglion utile, puis les laissant se rétablir par un repos de quelques jours. On ne peut mettre à nu le cerveau d'un Cancer menas sans lui faire perdre beaucoup de sang, il ne meurt cependant que très rarement. Le lendemain déjà il recommence à manger, et si on n'a lésé aucun organe important, il reprend bientôt ses allures ordinaires, tout en conservant son cerveau découvert et, par ce fait, facilement accessible. Une parcille guérison est beaucoup plus rare chez les Ecrevisses, les Homards, et surtout les Palémons. Ce dernier animal, très délicat, succombe rapidement à la suite d'une telle blessure, et ce n'est guère que dans les expériences relatives aux ganglions de la région abdominale qu'il peut être utilisé [1].

Nous citons ces faits pour les rapprocher de ce qui se passe dans les mêmes circonstances chez les Insectes. M. Faivre a remarqué sur plusieurs Dytiques qu'il avait opérés, comme s'il avait voulu faire

---

[1] Le Palémon a un avantage sur les autres animaux de son groupe, qu'il doit à la transparence relative de ses téguments. On peut voir le cœur battre au travers, et par conséquent étudier ses altérations sous l'influence des poisons sans mutiler l'animal.

l'ablation de leur cerveau, sans toutefois toucher à celui-ci, que lorsqu'on les remettait dans l'eau, ils se trouvaient déjà, après vingt-quatre heures, dans la presque impossibilité de nager. Dans tous les cas, le cerveau mis au contact de l'eau s'était promptement altéré et avait cessé d'accomplir ses fonctions. Il y a là une différence avec les Crabes que nous avons pensé utile de relever; elle est due, soit à une imperméabilité plus grande du névrilème chez ces derniers, soit au fait de l'eau douce, qui, comme nous le savons, a sur les éléments nerveux une action destructive plus énergique que l'eau salée.

Il faut dans chaque expérience observer quelque temps l'animal préparé, afin de tenir compte des altérations qui, sont la suite naturelle de l'opération. D'autres considérations de cet ordre nous ont conduit à établir des expériences comparatives, et comme les ressources du laboratoire de Roscoff nous offraient tous les avantages désirables, nous en avons profité dans une large mesure et avons répété toutes nos expériences sur un grand nombre d'animaux.

Ces expériences, en effet, présentent des difficultés qu'il est aisé de comprendre. Les petites dimensions des animaux, la ténuité et la délicatesse de leurs nerfs, la lenteur de leurs mouvements, rendent les phénomènes aussi difficiles à percevoir qu'à provoquer, et ce n'est souvent qu'après plusieurs tentatives, dont la plupart sont infructueuses, qu'on obtient quelques résultats certains. Une des conditions indispensables pour l'expérimentation consiste dans la connaissance exacte, non seulement de la structure propre du système nerveux (ce dont nous nous sommes occupé dans la première partie de ce mémoire), mais encore de ses relations de position avec les organes qu'il innerve, et sur lesquels doivent porter les observations. Nous énumérerons ces relations en exposant nos expériences. Ce n'est que par ses deux propriétés spéciales, la motricité et la sensibilité, que nous pouvons juger des altérations du système nerveux; il s'agit par conséquent que l'animal soit normal à ce point de vue, pour accorder de la valeur aux résultats qu'il procure [1].

. En prenant ces précautions, nous avons pu nous convaincre que les

---

[1] Nous citerons à cet égard l'exemple suivant : Nous fûmes longtemps à nous demander la cause des grandes différences que nous notions dans le degré de sensibilité chez les divers individus d'une même espèce. Finalement, après avoir éliminé diverses hypothèses, nous nous aperçûmes que les animaux les moins sensibles étaient précisément ceux que nous avions gardés le plus longtemps dans nos

expériences physiologiques étaient comparables, qu'elles aient eu les Macroures ou les Brachyures pour objet. Les différences qui se manifestent dans certains cas sont plus apparentes que réelles et peuvent rentrer dans des règles générales. Il nous aura suffi de montrer que les fonctions du système nerveux des Crustacés sont analogues à celles que les travaux de M. Faivre nous ont appris à connaître chez les Insectes et de compléter de cette manière dans une certaine mesure la connaissance des fonctions du système nerveux dans l'embranchement des Arthropodes.

Nous avons étudié successivement les fonctions de la chaîne nerveuse dans les régions abdominale, thoracique et cérébrale, et c'est en suivant cet ordre que nous relaterons nos observations ; mais auparavant il nous semble nécessaire de rendre compte des propriétés générales du système nerveux.

Propriétés générales du système nerveux central. — Il existe une analogie complète entre les propriétés générales des éléments nerveux chez les Crustacés et celles que nous connaissons chez les Vertébrés.

Les nerfs des Crustacés ne sont pas contractiles comme certains auteurs l'ont énoncé, et si nous mentionnons ce fait, c'est pour rappeler que la contractilité n'est, dans aucun cas, une propriété du tissu nerveux. S'il paraît contractile dans la chaîne abdominale de quelques Annélides, c'est parce que, ainsi que l'a démontré Leydig, le névrilème qui entoure la chaîne de ces animaux renferme une certaine quantité de fibres musculaires qui jouent un rôle dans les variations d'allongement et de raccourcissement du corps chez ces animaux. Aucun fait de cette nature n'a jamais, à notre connaissance, été mentionné chez les Crustacés, et, pour notre part, nous n'avons jamais rencontré le moindre indice semblable.

L'excitabilité peut être provoquée chez eux par les mêmes circonstances que chez les Vertébrés. Nous pouvons nous servir d'excitants artificiels, mécaniques, physiques et chimiques, selon les convenances propres à chaque cas. Nous relaterons à ce propos une expérience qui nous dispensera d'entrer dans de plus amples détails :

cuvettes sans en renouveler l'eau. L'accumulation de l'acide carbonique dans l'eau conduit par conséquent à un commencement d'anesthésie dont il faut se préserver en conservant les animaux dans un aquarium bien aéré. L'abstinence prolongée pendant plusieurs jours nous a paru au contraire exciter la sensibilité. Il faut nourrir les animaux dans les mêmes conditions.

Expérience I. — Nous découvrons la chaîne nerveuse dans la région abdominale sur trois Homards fraîchement sortis de l'aquarium, où l'eau est constamment renouvelée. Les animaux deviennent tellement irritables que le moindre attouchement provoque de violentes contractions dans la queue. Ils demeurent quelques minutes fixés sur le dos. Un choc sur la table suffit pour produire plusieurs contractions qui se répètent rapidement jusqu'à ce que l'animal semble épuisé de fatigue. Une portion de la chaîne est délicatement détachée, et l'on glisse au-dessous une fine lamelle de verre rectangulaire. Après un quart d'heure, les trois Homards sont à peu près immobiles et ne secouent plus la queue lorsqu'on la pince sur les palettes natatoires. C'est alors qu'on applique sur chacun d'eux, dans le point de la chaîne qui repose sur la lamelle, l'irritant spécial :

a. Le Homard est chatouillé avec la pointe d'un scalpel. Mouvements généraux indiquant de la douleur. La queue se contracte légèrement, sans se replier complètement sous l'abdomen. Si, au lieu d'un simple frottement, on pince légèrement la même portion de la chaîne, on obtient les mêmes résultats avec plus d'intensité. Deux heures après l'opération, le chatouillement ne produit plus aucun effet, tandis qu'un pincement, même léger, suscite encore quelques mouvements. L'animal demeure dans cet état jusqu'au soir, hors de l'eau, et dix heures après qu'il y a été mis, le pincement est encore suivi d'effets. Le lendemain matin toute excitabilité a disparu.

b. On dépose sur la chaîne du second animal une goutte d'acide acétique cristallisable, dilué. Contractions peu violentes dans les pattes, les antennes et la queue. Les éléments nerveux ainsi excités ne sont pas immédiatement détruits par l'acide, car on peut, une fois que le repos est rétabli, recommencer l'expérience jusqu'à trois reprises. De l'acide acétique concentré agit très violemment ; l'expérience ne peut pas être répétée dans le point où l'acide a agi une première fois.

c. On irrite la moelle avec un faible courant d'induction. (L'appareil dont nous nous sommes servi est une petite bobine de Dubois-Reymond, alimentée par une pile au bichromate de potasse et à l'acide sulfurique. Il appartient au laboratoire de Roscoff.) Manifestation de vives douleurs dans tout le corps. Deux heures plus tard le même courant ne provoque plus aucun mouvement, mais ceux-ci reviennent si on rapproche les bobines. Cet excitant agit plus fort qu'aucun autre.

Cette expérience, qui a été répétée sous bien des formes diverses, nous apprend que toute excitation portée sur la chaîne ganglionnaire produit des mouvements généraux dans les diverses parties du corps, quelle que soit la nature des agents qui servent à la produire.

Nous avons essayé plusieurs acides et alcalis ; les uns et les autres agissent dans le même sens, mais à des degrés divers.

L'eau distillée est un excitant modéré, mais bien net ; fait qui prend un intérêt particulier si nous nous rappelons l'action de ce liquide sur les tubes nerveux et la rapidité avec laquelle il provoque l'apparition de granulations dans leur plasma[1].

Une solution concentrée de sel marin, qui agit comme excitant sur les nerfs des Vertébrés, comme on le sait depuis les observations d'Eckhard, nous a paru exercer une action moins vive chez les Crustacés marins que chez l'Ecrevisse d'eau douce.

D'autres sels, tels que le bichlorure de mercure, le perchlorure de fer, etc., agissent de la même manière.

La glycérine est également un bon excitant.

La chaleur enfin agit d'une manière énergique et l'on peut provoquer des mouvements intenses en approchant de la chaîne une aiguille chauffée au rouge.

En ce qui concerne l'électricité, nous devons ajouter qu'elle agit aussi bien sous forme de courant continu que sous celle de courant d'induction, et appuyer sur ce fait, qu'elle est l'agent de beaucoup le plus puissant, et comme en même temps c'est celui qui se règle le plus facilement, nous l'ayons souvent employé.

Les excitants que nous venons d'énumérer agissent aussi bien sur les nerfs que sur la chaîne abdominale ; on peut s'en convaincre sur ceux qui, partant du ganglion anal, se rendent dans les palettes caudales.

L'irritabilité augmente pendant quelques minutes après une opération quelconque ; mais dans l'expérience que nous venons de relater, et dans laquelle la chaîne abdominale avait été découverte sur toute sa longueur, elle s'est perdue relativement vite, c'est-à-dire que huit heures après l'opération cette portion de la chaîne ne provoquait plus aucun mouvement, alors même qu'on l'excitait avec un fort courant électrique et alors que le cœur situé dorsalement bat-

[1] Voir la première partie de ce mémoire.

tait encore. En dehors de ce dernier mouvement, l'animal paraissait tout à fait mort.

Expérience II. — La chaîne nerveuse est découverte dans toute sa région abdominale chez un Homard de petite taille. Après l'avoir excitée par différents agents, l'animal est replongé dans l'aquarium. Le lendemain il paraît affaibli, cependant il jouit de tous ses mouvements et se promène au fond de l'aquarium. Lorsqu'on le chicane, il donne encore quelques coups de queue. Le surlendemain, quarante-huit heures après l'opération, il est trouvé mort, sans qu'il ait touché à la nourriture qu'on lui avait offerte.

On voit par cette expérience, répétée également sur des Ecrevisses, que le contact de l'eau est plus favorable que celui de l'air à la conservation des propriétés physiologiques de la chaîne. Toutefois, le maximum de temps pendant lequel nous avons réussi à conserver vivants des animaux aussi largement blessés a été deux jours pour l'Écrevisse et trois jours pour le Homard. Il en est autrement si l'on ne découvre la chaîne que sur une petite longueur, l'animal survit ordinairement à l'opération et reprend appétit.

ACTION DES POISONS. — Il nous a paru intéressant de savoir, à propos des propriétés générales du système nerveux des Crustacés, comment il se comportait vis-à-vis des différents poisons dont l'action chez les Vertébrés est la mieux connue.

Nous avons successivement expérimenté le curare, la strychnine, le sulfate d'atropine, la digitaline et la nicotine.

Nous devons à cet égard de bien sincères remerciements à M. Schæfer, professeur à University-College de Londres, pour l'obligeance avec laquelle il nous a adressé la plupart de ces poisons.

Deux poisons, le curare et la strychnine, ont déjà été étudiés, mais d'une manière fort incomplète et avec des résultats contradictoires ou peu précis que l'on trouvera exposés dans les *Leçons* de M. Vulpian.

Curare. — Nous avons employé un curare provenant du laboratoire de physiologie d'University College à Londres ; il est renfermé dans un petit tube et se présente sous forme de fragments brunâtres. On en fait une solution saturée à la température de 25 degrés centigrades dans l'eau distillée et nous l'essayons simultanément sur trois Tritons et un Congre (*Conger communis*). Chacun de ces animaux en reçoit sous la peau un demi-centimètre cube.

Le Congre est complètement paralysé après une demi-heure ; les nageoires pectorales sont les premières atteintes, les mouvements de la queue persistent plus longtemps, et après un violent effort, qui lui fait faire le tour de l'aquarium, il tombe pour ne plus se relever.

Le premier Triton est immobilisé après cinq minutes, avec tous les phénomènes connus ; le second après un quart d'heure ; le troisième après vingt minutes.

Le curare, sans être très énergique, est cependant efficace dans tous les cas.

C'est après ces essais préalables que nous pratiquons les expériences suivantes :

Expérience I. — Injecté 1 centimètre cube de la solution sur un gros *Portunus puber* par une petite ouverture pratiquée à la partie supérieure de la carapace, en arrière des yeux. L'injection a lieu à dix heures du matin. L'animal est remis dans l'eau après dix minutes. A trois heures après midi, aucun résultat appréciable ne s'étant manifesté, l'animal reçoit une seconde dose de 1 centimètre cube ; cette fois, l'injection est poussée sous l'abdomen. A sept heures on remarque une immobilité relative, c'est-à-dire que les antennes ne battent l'eau que lorsqu'on les pince fortement. On provoque également de cette manière des mouvements dans les pattes. Le lendemain matin le Crabe ne donne plus aucun signe de vie, la carapace est enlevée sans provoquer le moindre mouvement. Le cœur est arrêté en systole, mais il donne quelques contractions à la suite d'une excitation électrique.

Les membres ne répondent plus à la même excitation sur le ganglion thoracique.

Un *Cancer menas* sur lequel on a, dans les mêmes conditions, administré les mêmes doses à titre d'expérience comparative, a donné les mêmes résultats.

Expérience II. — Injecté à trois heures, sur un *Portunus puber* et un *Cancer menas*, 1 centimètre cube de la solution par l'ouverture des organes génitaux. Ils sont remis dans l'eau après dix minutes et ne semblent pas souffrir. A sept heures ils ne donnent que des mouvements très lents, et cela seulement lorsqu'on les provoque. Le lendemain matin ils sont tous deux vivants et semblent avoir éliminé le poison, car ils sont redevenus très alertes.

Expérience III. — Injecté à deux heures 1 centimètre cube de la solution sous la carapace d'un gros *Cancer menas*. Vers le soir il y a une diminution très sensible dans la force des mouvements. L'animal ne fait guère de résistance lorsqu'on s'apprête à le saisir, il frappe ses antennes internes. Si on vient à lui piquer ou à lui pincer la patte, il la retire, mais avec paresse. Le lendemain matin il est mort.

Expérience IV. — Injecté à dix heures du matin 2 centimètres cubes de la solution sous l'abdomen d'un *Portunus puber*. Après cinq minutes l'animal est remis dans l'eau. Il demeure tranquille, ramassé sur lui-même, dans un coin de l'aquarium. A deux heures on peut noter un très sensible engourdissement dans tous les mouvements. On peut le saisir sans qu'il se défende (il faut se rappeler que le Portune est peut-être le Crabe le plus irascible). Il y a évidemment là un affaiblissement remarquable du pouvoir locomoteur. A dix heures du soir l'animal vit encore, mais il refuse de la viande qui lui est offerte. Le lendemain matin il est mort.

Expérience V. — Un petit Homard en bonne santé reçoit à huit heures et demie 2 centimètres cubes de la solution. Au moment de l'injection qui est poussée sous l'abdomen, les pattes se raidissent ; mais elles reprennent bientôt leur mobilité et l'animal se met à marcher sur la table. Dix minutes plus tard il est replacé dans l'aquarium. Il va immédiatement se blottir dans un coin, d'où il ne bouge pas de toute la journée. Excité, il ne répond que mollement et avec peine. Le lendemain matin il est mort ; la chaîne abdominale mise à nu et excitée par le courant d'induction (bobine fermée) ne provoque plus aucune contraction dans les muscles.

Expérience VI. — Injecté à cinq heures 1 centimètre cube sous l'abdomen d'un petit Homard. L'animal, remis dans l'aquarium, reste couché sur le dos pendant environ cinq minutes ; puis il se relève, marche un peu et se blottit dans un coin.

Le lendemain matin il paraît en bonne santé. A sept heures il reçoit une nouvelle injection de 2 centimètres cubes. L'action cette fois est plus énergique. Il y a quelques tremblements dans la queue. L'animal, remis dans l'eau après dix minutes, tombe sur le dos et demeure comme paralysé. Il y a cependant encore quelques mouvements dans les pattes-mâchoires. Ces derniers mouvements s'éteignent bientôt et une demi-heure après l'injection l'animal ne répond par des mouvements à aucune provocation. La carapace lui est enlevée sans qu'il manifeste la moindre douleur. Le cœur donne 20 pulsations à la minute. La pince électrique, apposée sur le ganglion sus-œsophagien, ne produit rien de remarquable. Le cœur séparé du corps se contracte encore pendant une demi-minute.

Expérience VII. — Un Homard de taille moyenne reçoit à sept heures 4 centimètres cubes de la solution ; il paraît abattu pendant environ une heure et demie. Il se remet pourtant sur les pattes. Dès lors il ne produit plus de mouvements volontaires, mais répond cependant lorsqu'on l'excite.

A huit heures, on lui injecte de nouveau 2 centimètres cubes, en sorte qu'il a reçu un total de 6 centimètres cubes. Les effets sont les mêmes, mais plus prononcés que dans les expériences précédentes. L'animal ne se meut pas spontanément, ne peut plus serrer un objet placé entre ses pinces. Celles-ci se referment une fois qu'on les a écartées, mais le Homard ne les meut plus volontairement. Les pattes seules donnent quelques mouvements lorsqu'on les pince fortement. A midi la paralysie est complète et à cinq heures du soir la carapace est enlevée sans provoquer de mouvements. Le cœur donne encore de rares pulsations.

Expérience VIII. — Injecté en différents points du corps des doses de 2 à 6 centimètres cubes de la solution sur trois Homards. Les résultats sont les mêmes, soit qu'on conserve l'animal à sec, soit qu'on le replonge dans l'eau. La mort apparente ne se manifeste que plus de dix heures après l'injection. On peut, chez tous les trois, constater un ralentissement et une gêne dans les mouvements, gêne qui empêche les animaux de se mouvoir volontairement, mais qui n'aboutit, dans aucun cas, à une paralysie complète.

Nous rapprochons de ces expériences la suivante relatée par M. Vulpian[1] :

« Le 21 juin on introduit une goutte de forte solution de curare au-dessous de la peau d'une Écrevisse, par une petite plaie faite dans l'intervalle des anneaux de l'abdomen à la face inférieure du corps. Au bout d'une demi-heure, il n'y a aucun effet. On introduit alors deux gouttes au moins de la même solution dans un autre point de la face inférieure de l'abdomen. On laisse l'animal à sec pendant quelques instants, cinq minutes environ, comme on l'avait fait la première fois. Après ce temps, l'Écrevisse paraît très affaiblie. On la remet alors dans l'eau. Elle n'est pas encore morte une demi-heure après l'expérience. Il y a des mouvements comme rhythmiques des

---

[1] VULPIAN, *Leçons*, p. 202.

deux premières paires de pattes ambulatoires. Le lendemain l'Écrevisse n'est pas encore morte, mais elle ne fait des mouvements des
pattes que lorsqu'on la touche. »

Il résulte de toutes ces expériences, que nous avons variées et
répétées encore sur d'autres espèces de Crabes et sur des Langoustes,
que, sans être très sensibles à l'action du curare, les Crustacés en
subissent cependant une intoxication manifeste. Cette intoxication
atteint, comme c'est le cas chez les Vertébrés, les nerfs moteurs,
sans qu'il soit possible, chez des animaux se prêtant si mal aux
expériences physiologiques, de donner une démonstration de la conservation de la sensibilité après la perte du mouvement. Nous ne
pouvons que la supposer par analogie. Il faut remarquer du reste
que la paralysie complète n'a été que rarement obtenue, et cela à
la suite seulement de très fortes doses de curare.

Nos résultats méritent une certaine attention, en ce sens qu'ils
indiquent que le curare agit chez les Crustacés, mais que son action
est très lente et nécessite une dose de poison beaucoup plus forte
que pour les Vertébrés qui sont généralement employés dans les
recherches physiologiques.

Nous rappellerons que ces conclusions se rapprochent de celles
de M. Vulpian relatives à quelques expériences entreprises sur des
Mollusques. « Ainsi chez des Escargots, dit-il, je n'ai observé aucun
effet, en introduisant une goutte de solution concentrée de curare
dans une plaie faite à la région céphalique ; il n'y a même eu aucun
effet, après que, chez les mêmes animaux, on a eu introduit une
goutte de la même solution dans la cavité pulmonaire. Je n'ai observé
des effets manifestes que lorsqu'on a fait pénétrer dans la cavité
générale du corps, chez l'un de ces animaux, deux gouttes de la
même solution. Encore l'animal présentait-il quelques mouvements
réflexes au bout de deux heures, lorsqu'on le touchait un peu fortement au fond de sa coquille. Le lendemain, il était mort. Est-ce
bien l'action du curare qui l'avait tué[1] ? »

M. le professeur de Lacaze-Duthiers a eu l'obligeance de nous
communiquer qu'ayant injecté du curare sur des Mollusques marins,
dans le but de les immobiliser rapidement, il n'avait jamais obtenu
que des résultats négatifs.

Strychnine. — Nous nous sommes servi de strychnine pure, dont

[1] VULPIAN, *Leçons*, p. 203.

la solution aqueuse était facilitée par l'adjonction de quelques gouttes d'acide sulfurique. Nous en avons fait deux solutions :

Solution I. — Elle renferme 5 centigrammes de strychnine cristallisée dans 25 centimètres,cubes d'eau distillée. Après trois heures, la substance n'étant pas entièrement dissoute, on ajoute deux gouttes d'acide sulfurique, qui achève la dissolution. Chaque centimètre cube de cette solution renferme par conséquent 2 milligrammes de strychnine.

Solution II. —Elle est faite dans les mêmes conditions que la première, avec cette différence qu'elle renferme une quantité double de strychnine, soit 4 milligrammes par centimètre cube.

M. Vulpian, le seul auteur qui, à notre connaissance, ait étudié l'action de ce poison sur les Crustacés, avait d'abord obtenu des résultats négatifs en employant de la strychnine pure. Plus tard, cependant, il constata que le poison employé à l'état de sulfate produit la mort chez l'Ecrevisse. Comme il n'indique pas la proportion dont il s'est servi et que nos résultats sont contraires aux siens, nous croyons devoir rappeler le passage suivant, dans lequel il expose ces derniers : « Les effets de la strychnine sont bien plus prononcés lorsqu'on emploie un sel soluble, le sulfate par exemple. Si l'on introduit une assez grande quantité de ce sel dans une plaie faite à la face inférieure du corps, dans l'intervalle de deux des anneaux de l'abdomen, l'Ecrevisse restant hors de l'eau, la mort apparente se produit au bout de dix à vingt minutes. L'animal ne tarde pas d'ailleurs à mourir tout à fait. *Mais ce qu'il faut bien remarquer, c'est qu'il y a affaiblissement progressif, sans période d'excitabilité tétanique, fait important dans la comparaison des propriétés des éléments des ganglions nerveux de ces animaux à ceux de la moelle épinière des Vertébrés* [1]. »

Voici maintenant le récit de nos expériences :

Expérience I. — Injecté 1 centimètre cube de la solution I sous l'abdomen d'un *Cancer menas* de taille moyenne. L'animal est comme foudroyé à la suite de l'injection. Remis dans l'eau après deux minutes, il ne donne plus aucun mouvement des pattes, mais seulement quelques tremblements des yeux et des antennes externes. Les antennes internes, d'abord repliées dans leur cavité, en sont violemment rejetées après quelques instants, et demeurent raidies sans

---

[1] Cette dernière phrase n'est pas en caractères italiques dans le texte original.

donner le moindre signe de sensibilité lorsqu'on les pince. Les antennes externes et les membres sont également insensibles. Un quart
d'heure après l'injection, l'animal paraît mort. Le cœur bat assez
fort.

Expérience II. — Injecté 1 centimètre cube de la solution I sous
l'abdomen d'un gros *Portunus puber*. Les résultats sont analogues à ceux
de l'expérience précédente. Il n'y a plus de mouvements dans les pattes,
qui demeurent raidies. Seulement les pièces de la mâchoire, paralysées
chez le Cancer menas dans la première expérience, sont mobiles ici.
Placé dans l'eau, couché sur le dos, l'animal y demeure sans autres
mouvements que ceux des pièces masticatrices, des yeux et des
antennes externes. Ces derniers mouvements ont un caractère automatique et paraissent involontaires, car on ne réussit pas à les arrêter.
Si on place un morceau de viande sur les pattes mâchoires, leurs
mouvements continuent avec la même régularité, sans coordination
et sans que l'animal ait conscience de la présence de la viande.
Vingt-quatre heures après l'injection, l'animal est mort.

Expérience III. — Deux *Portunus puber* reçoivent à trois heures
1 centimètre cube de la solution I injecté sous l'abdomen. L'action
est extrêmement rapide. L'animal, remis dans l'eau après une minute, ne donne que des mouvements tétaniques, qui ne durent que
pendant deux minutes; l'animal semble alors épuisé, tout mouvement
a cessé, et il y a mort apparente. Cependant, quinze minutes plus
tard, des mouvements automatiques des pièces masticatrices reprennent comme dans l'expérience II, et se continuent jusqu'au soir.
Le lendemain matin, ces derniers mouvements sont complètement
arrêtés. L'animal paraît mort. Le cœur est découvert, il bat encore
faiblement pendant deux heures.

Expérience IV. — Injecté un demi-centimètre cube de la solution I,
c'est-à-dire 1 milligramme de strychnine, sur quatre Crabes dans différentes régions (partie inférieure de l'abdomen, articulation des pattes,
sous la carapace par une petite fenêtre pratiquée en avant sur le
rostre, au-dessus du cerveau et un peu en arrière des yeux, enfin par
une fente directement au-dessus du cœur). Chez les quatre Crabes, les
résultats sont identiques. Malgré la petite quantité du poison, l'action
est très prompte. Les mouvements tétaniques ne peuvent pas toujours être notés, tant ils sont passagers et tant l'épuisement musculaire est rapide. Les muscles des pièces masticatrices, qui normalement sont presque constamment en mouvement, sont aussi ceux

dont les mouvements persistent le plus longtemps. Le lendemain, les mouvements sont complètement éteints dans tous les membres ; le cœur mis, à découvert, bat encore chez les quatre animaux.

La strychnine agit donc avec une extrême rapidité et beaucoup de force sur les Crabes. Nous avons pratiqué plus de trente injections analogues à celles que nous venons de rapporter, et cela en variant le lieu et la dose des injections. Nous avons toujours obtenu les mêmes résultats : raidissement des membres, quelquefois tremblements tétaniques très passagers. Les pattes masticatrices et les antennes (surtout les internes, où le tétanos est plus sensible) conservent leurs mouvements plus longtemps que les pattes locomotrices; toutefois, si la dose de strychnine dépasse 3 milligrammes, elles sont également et rapidement atteintes. Au contraire, si la dose du poison est réduite à une fraction de milligramme, l'action, tout en conservant les mêmes caractères, est moins sensible, et après un temps qui varie selon la dose, l'animal réussit à éliminer le poison, recouvre ses mouvements et reprend ses allures ordinaires. Lors de la reprise des mouvements, et lorsque, par exemple, couché sur le dos, il recommence à frapper l'eau avec ses pattes, on peut constater dans ces dernières quelques mouvements tétaniques très manifestes. Ainsi rétabli, un même Crabe peut supporter une nouvelle dose qui le fait retomber dans le même état, dont il revient comme la première fois. On peut de cette manière faire une série d'expériences sur un même individu, à condition, bien entendu, que la dose ne dépasse pas 7 à 8 dixièmes de milligramme. De gros Tourteaux peuvent supporter jusqu'à 1 milligramme.

Pendant la période d'épuisement, alors que l'animal paraît mort, on peut provoquer des mouvements brusques, saccadés, dans les membres, en appliquant la pince électrique sur la face inférieure de la carapace au niveau du ganglion thoracique. On peut également, pendant la même période, pincer et couper les pattes, sans que l'animal réussisse à les retirer. Il semble cependant qu'il éprouve une sensation de douleur, car il agite alors beaucoup plus vivement ses mâchoires et ses antennes demeurées mobiles.

Expérience V. — Injecté sur une Crevette (*Palemon serratus*) de belle taille un demi-centimètre cube de la solution I. L'injection est poussée entre les anneaux de face inférieure de l'abdomen. L'animal, replacé immédiatement dans l'eau, donne deux vigoureux coups de queue, puis tombe au fond de l'aquarium, parfaitement immobile, sans qu'il ait été possible de noter de tétanos. Quoique le cœur batte encore sous la carapace, l'animal paraît mort. Un faible courant d'induction provoque des contractions de la queue. Six heures après l'injection, la Crevette est tout à fait morte, sans qu'elle ait reproduit le moindre mouvement des membres. Le cœur est arrêté et le courant électrique n'excite plus la chaîne nerveuse.

Dans cette expérience, la dose a été évidemment beaucoup trop forte, de là des résultats aussi prompts et intenses.

Expérience VI. — Injecté sous l'abdomen de deux Palémons deux gouttes de la solution I. Immédiatement remis dans l'eau, ils y nagent normalement pendant une minute, puis ils sont pris de convulsions tétaniques extrêmement fortes et bien visibles sur tous les membres, mais particulièrement sur les vraies pattes. Ce tétanos, très net (que plusieurs personnes présentes pendant l'expérience purent parfaitement constater), ne dura qu'une heure environ, mais en s'affaiblissant beaucoup après les premières minutes. Les deux animaux vécurent jusqu'au lendemain sans reprendre des mouvements aussi réguliers qu'à l'état normal. Leur mort, arrivée environ trente heures après l'injection, est peut-être due à d'autres causes.

Expérience VII. — Un Homard de petite taille, et frappant violemment de la queue sur la planchette où on l'a fixé, reçoit sous l'abdomen 2 centimètres cubes de la solution II, soit 8 milligrammes de strychnine. Immédiatement après l'injection, il y a des mouvements désordonnés des pattes. L'animal ne fait plus d'efforts pour se détacher. Après une minute, on peut constater un violent tétanos dans les palettes caudales et dans quelques-unes des fausses pattes. Les mouvements tétaniques se propagent un peu dans la partie antérieure du corps. Ils durent environ cinq minutes, puis une immobilité parfaite leur succède. Si à ce moment on vient à pincer les palettes caudales, on réveille le tétanos dans toute la queue. Un choc sur la table ne provoque rien. L'animal est remis dans l'eau, il n'y fait aucun mouvement et demeure couché sur le dos. Une demi-heure plus tard, il se trouve dans le même état et la même position. On le retire alors, la carapace est enlevée, le cœur donne 33 pulsations à la minute, pour s'arrêter complètement une demi-heure plus tard.

Des injections de la même solution ont été pratiquées à des doses diverses sur dix Homards et nous avons constamment obtenu les mêmes résultats. Les mouvements tétaniques se sont toujours manifestés, quelquefois avec une grande violence. Certains individus tremblent plus facilement et plus longtemps que d'autres. Les tremblements intéressent la partie antérieure du corps aussi bien que sa partie postérieure. Si on injecte le poison sous la carapace, à la hauteur du cœur, le tétanos se manifeste rapidement dans les antennes ; au contraire, si l'injection a été poussée sous l'abdomen, ce sont les fausses pattes et les palettes caudales qui sont les premières atteintes. Si on opère sur de gros individus, il faut faire agir des doses plus fortes. Une dose de 2 ou 3 milligrammes, toujours mortelle pour un Crabe ou un Palémon, peut être supportée par un Homard.

Dans toutes ces expériences, nous avions établi des *témoins*, c'est-à-dire que nous n'opérions jamais sur un animal isolé, mais au moins sur deux à la fois dans les mêmes conditions. Dans ces expériences comparatives, nous nous sommes assuré que l'eau douce, et, en particulier, l'eau distillée, injectée sous l'abdomen, agit comme irritant, et nous devons tenir compte de son action dans l'appréciation des résultats. Disons tout de suite, qu'à la dose où on l'emploie comme dissolvant du poison, l'eau n'est jamais pernicieuse et ne provoque que des mouvements d'irritation très restreints et jamais comparables à un mouvement tétanique.

Expérience VIII, expérience comparative. — Injecté sous la peau du dos d'un Poulpe (*Octopus vulgaris*) de taille moyenne 1 centimètre cube de la solution I. L'animal ne paraît pas en souffrir. La respiration est sensiblement activée. Remis dans l'eau, l'animal vide sa poche à encre, fait plusieurs fois le tour de l'aquarium, puis reprend son état normal. L'absorption doit être extrêmement lente, si toutefois elle a lieu ; l'œdème produit sous la peau par la masse injectée ne diminue pas de volume.

L'animal est alors plongé dans un bocal renfermant 2 litres d'eau de mer, à laquelle on a ajouté 24 milligrammes de strychnine. A peine y est-il introduit, qu'il pâlit complètement et devient tout à fait blanc ; il est pris de convulsions et fait des efforts pour sortir du vase. L'action est, dans ce cas, extrêmement rapide. Après une minute, on transporte l'animal dans un grand baquet d'eau. Il tremble de tout le corps, ses bras s'agitent convulsivement ; les mouvements respiratoires, d'abord activés, diminuent bientôt et s'arrêtent complètement après trois ou quatre minutes. On peut cependant les réveiller encore quelques temps en chatouillant l'intérieur de la cavité branchiale. L'action des muscles cutanés persiste un peu plus longtemps, car l'animal recouvre ses couleurs et devient même beaucoup plus foncé qu'à l'état normal. Après un quart d'heure, tous les muscles sont rigides, les tentacules tendus en avant, les ventouses ne happent plus, et quelques minutes plus tard, c'est-à-dire une demi-heure après l'injection, l'animal est mort et le cœur ne bat plus.

L'absorption par les surfaces branchiales est donc très-puissante, et il suffit, comme M. P. Bert l'a d'ailleurs montré, de quelques traces de strychnine dans l'eau pour amener l'empoisonnement.

L'absorption sous-cutanée est, par contre, extrêmement lente, car, sur un autre Poulpe servant de témoin, 1 centimètre cube de la même solution, injecté sous la peau du dos, n'a pas produit d'empoisonnement, même après plusieurs heures.

Cette expérience nous a conduit à faire la suivante sur des Crustacés:

Expérience IX. — Un Palémon et un Cancer menas sont plongés à deux heures après-midi dans un litre d'eau bien aérée, renfermant 24 milligrammes de strychnine. Les animaux ne manifestent aucun trouble et supportent fort bien ce milieu. A sept heures, ils sont parfaitement alertes et paraissent bien portants. Il en est de même le lendemain, ils mangent les aliments qu'on leur offre et nous les conservons ainsi en bonne santé pendant trois jours dans la même eau empoisonnée ; d'où nous pouvons conclure que, quoique circulant constamment autour des lamelles branchiales, la strychnine n'est pas absorbée et ne passe pas dans le sang.

En résumé, nous pouvons dire que la strychnine agit sur les Crustacés en donnant lieu aux mêmes symptômes d'empoisonnement que chez les Vertébrés, à condition qu'elle soit injectée dans leur système lacunaire ; que, contrairement à ce que professe M. Vulpian dans le passage de ses *Leçons* que nous avons rapporté, l'affaiblissement de l'animal est, en général, extrêmement rapide, qu'il suit immédiatement l'injection si celle-ci a été un peu forte ; et que, quoiqu'elle soit souvent très passagère, il existe chez ces animaux une période de convulsions tétaniques qui, dans les cas favorables, s'observe très nettement et d'une façon significative sur les membres, principalement chez les Macroures [1].

Sulfate d'atropine. — Nous faisons une solution de 10 centi-

---

[1] Claude Bernard avait lui-même essayé l'action de la strychnine sur l'écrevisse,

grammes de ce sel dans 20 centimètres cubes d'eau, soit 5 milligrammes par centimètre cube. Il se dissout rapidement. La solution est parfaitement incolore.

Expérience. — Injecté 2 centimètres cubes de cette solution sous l'abdomen d'un Homard. Il ne se passe tout d'abord rien de remarquable. Après dix minutes, l'animal est remis dans l'eau ; c'est alors que se manifestent des tremblements très-nets dans les fausses pattes et dans les pinces terminales des deux premières paires de pattes. On peut également constater des mouvements alternatifs d'ouverture et de fermeture de l'anus. L'animal ne donne pas de signes de douleur lorsqu'on pince ses antennes. Il demeure assez longtemps couché sur le dos, la queue ramenée sous l'abdomen. Il fait des mouvements désordonnés pour se redresser ; mais ces mouvements, infructueux tout d'abord, le fatiguent rapidement et il doit alors prendre un repos pendant lequel il demeure parfaitement immobile. Une heure après ces phénomènes, le Homard se redresse et il reprend alors son allure ordinaire.

Nous avons augmenté beaucoup la dose dans différentes expériences, et l'avons à plusieurs reprises renouvelée dans de courts intervalles ; nous n'avons jamais réussi à produire la mort de l'animal. L'effet se résumait dans un abattement dont la durée variait avec l'intensité de la dose, quelques tremblements, etc.

Nous n'avons pas fait d'expériences spéciales sur l'action de ce poison sur le cœur, toutefois la paresse et l'abattement dont nous venons de parler nous porteraient à croire qu'il y a ralentissement dans les battements du cœur. Voici, du reste, ce que dit M. Plateau à ce sujet, dans le travail cité : « L'injection de 5 milligrammes de sulfate d'atropine dans le système lacunaire de l'Ecrevisse amène un ralentissement considérable des mouvements du cœur. Dans une de mes expériences, ce ralentissement fut de près de la moitié, de 120 pulsations par minute à 74. »

Digitaline. — Nous avons dissous 5 centigrammes de digitaline dans 20 centimètres cubes d'eau, ce qui nous donne une solution dont chaque centimètre cube renferme 25 milligrammes de poison. La dissolution demande quelques heures pour être complète.

---

mais il n'obtint aucun résultat significatif. — Voir *Leçons sur les substances toxiques et médicamenteuses,* p. 364.

L'action générale de ce poison est assez difficile à élucider, et les résultats que nous avons obtenus sont contradictoires en plusieurs points. De nouvelles expériences sont par conséquent nécessaires. Nous relaterons seulement ici celles relatives à l'action de la digitaline sur le cœur, les seules qui nous aient donné des résultats précis.

Expérience I. — Injecté 1 centimètre cube de la solution sous l'abdomen d'un Homard de petite taille, préalablement préparé pour voir le cœur. Au moment de l'injection, l'animal, qui est fixé sur une planchette, se débat vivement, comme s'il ressentait de la douleur.

Le cœur, qui donnait, au début de l'injection, 45 pulsations par minute, monte en ce moment à 52 pulsations et se maintient à ce chiffre pendant quelques minutes.

Cinq minutes après la première injection, l'animal reçoit de nouveau 2 centimètres cubes de la solution.

La marche du cœur devient alors très irrégulière, les pulsations tombent à 6 dans un quart de minute, pour remonter à 3 dans le quart qui termine la minute.

On administre de nouveau cinq minutes plus tard 2 centimètres cubes, ce qui élève la dose de digitaline introduite à 12 milligrammes et demi. Il y a quelques mouvements convulsifs dans les muscles qui attachent le premier anneau abdominal au thorax. Les pulsations tombent à 30 par minute, puis à 20 deux minutes plus tard. Elles sont non seulement ralenties, mais très affaiblies. Elles diminuent peu à peu, pour s'éteindre complètement dix minutes après la dernière injection, sans que l'application de la pince électrique puisse les réveiller.

La chaîne ganglionnaire a conservé toute son excitabilité.

Expérience II. — Injecté directement sous l'abdomen d'un Homard 4 centimètres cubes de la solution (soit 10 milligrammes de digitaline). Le cœur, mis à découvert, donne 50 pulsations par minute au moment de l'injection. Deux minutes plus tard, il monte à 58 pulsations, mais ce nombre diminue bientôt jusqu'à la moitié, 30 pulsations, chiffre qu'il atteint huit minutes après l'injection. Le nombre des pulsations diminue progressivement pendant vingt-cinq minutes, puis le cœur s'arrête complètement sans que la pince électrique y réveille des mouvements.

Expérience III. — Injecté à dix heures du matin 2 centimètres cubes de la solution (soit 5 milligrammes) sous l'abdomen d'un petit Homard. L'animal témoigne de la douleur et se débat vivement. Cinq minutes plus tard, il reçoit la même dose. Il raidit les membres au moment de l'injection, et nous notons quelques mouvements irréguliers de l'anus. Après un quart d'heure, il est replacé dans l'aquarium. Il ramène la queue sous l'abdomen et demeure immobile (il y a cependant des mouvements des palpes buccaux).

A onze heures, il est toujours couché sur le dos, les mouvements des palpes sont ralentis. Le soir il n'est pas encore redressé sur ses pattes. Il exécute quelques mouvements des fausses pattes. Ces mouvements, quoique faibles, fatiguent évidemment vite l'animal.

Le lendemain matin le Homard a éliminé le poison, il est sur ses pattes et a repris son attitude normale.

Expérience IV.—Dans les mêmes conditions et avec les mêmes doses de digitaline que dans l'expérience précédente, un petit Homard paraît mort une heure après la dernière injection. Le cœur mis à découvert, est arrêté en systole.

Il semble donc qu'il peut exister des différences individuelles qui font que certains individus, tels que celui qui a servi dans l'expérience III, peuvent supporter des doses de digitaline qui en tuent d'autres. L'animal de l'expérience III s'est montré longtemps très affaibli. La circulation était évidemment ralentie, mais le cœur ne s'est pas arrêté, puisque l'animal a réussi à éliminer le poison.

M. F. Plateau, dans l'intéressant travail dont nous ne connaissons que les prémisses, a aussi étudié l'action de la digitaline sur le cœur. Le savant professeur de Gand utilise la méthode graphique pour enregistrer les altérations des mouvements du cœur et il arrive naturellement à des résultats très précis. Nous sommes heureux de constater que ses premiers résultats s'accordent sur le point important, c'est-à-dire le ralentissement et la cessation des mouvements du cœur, avec les nôtres. M. Plateau a opéré chez l'Écrevisse, et il a vu que chez cet animal « une injection de 5 milligrammes de digitaline rend après un temps variable le tracé du cœur irrégulier, puis ce tracé indique un ralentissement notable qui n'est pas suivi d'accélération. Le cœur finit par s'arrêter en systole et l'on ne parvient plus à y réveiller des mouvements. »

Ce dernier point concorde parfaitement avec tout ce que nous avons dit de l'inefficacité de la pince électrique pour réveiller les mouvements une fois qu'ils sont éteints.

. Nous attendons avec intérêt le complément des recherches de M. Plateau et nous signalons à son attention l'accélération notable des mouvements immédiatement après l'injection, accélération que nous avons constatée dans nos expériences I et II et qui précède le ralentissement.

Nicotine. — La nicotine que nous avons employée provient du laboratoire d'University-College à Londres. Elle est sirupeuse, noirâtre, extrêmement active. Nous en dissolvons 40 centigrammes dans 20 centimètres cubes d'eau, soit 20 milligrammes par centimètre cube.

C'est avec cette solution que nous procédons aux expériences suivantes, qui montrent avec quelle énergie ce poison agit chez les Crustacés.

Expérience I. — Injecté 1 centimètre cube de la solution sous l'abdomen d'un petit Homard. L'animal est pris de mouvements convulsifs au moment même de l'injection. Toutes les pattes se crispent subitement sur la face inférieure du corps. Des excréments sont violemment expulsés par l'anus et celui-ci est pris de mouvements alternatifs d'ouverture et de fermeture. Les grandes pinces sont fermées et fortement contractées, si bien qu'il faut un assez grand effort pour les écarter et qu'elles se referment immédiatement après. L'inverse a lieu pour les petites pinces qui terminent les pattes suivantes, elles demeurent ouvertes et leur muscle extenseur est tellement contracté qu'on a peine à les fermer. Après deux minutes, comme l'animal ne donne plus aucun signe de vie, il est remis dans l'eau, où il demeure un quart d'heure, sans produire le moindre mouvement. Le cœur est mis à découvert; il bat très violemment et d'une manière irrégulière, qu'il serait très intéressant d'étudier avec la méthode graphique. 72 pulsations à la minute.

Expérience II. — Injecté sur plusieurs Crabes des doses diverses de la solution, depuis 1 centimètre cube jusqu'à une simple goutte, et nous avons toujours obtenu une mort très rapide.

Chez les gros Tourteaux l'action est aussi vive que chez les petits Cancer menas ; toutefois chez les premiers nous n'avons pas pu constater le raidissement des membres, pour la bonne raison que ceux-ci se détachent complètement du corps et tombent pendant l'injection.

Les convulsions ont lieu chez les Crabes, mais sont beaucoup moins nettes que chez les Homards.

L'immobilité et la rigidité des muscles des membres, qui sont le phénomène apparent le plus remarquable, ne se propagent pas aux muscles du cœur. Ce dernier, au contraire, se montre toujours très actif au moment où on le découvre et le nombre de ses pulsations est ordinairement beaucoup plus grand qu'à l'état normal.

Expérience III. — Injecté deux gouttes de la solution sous l'abdomen d'un Palémon. L'animal, immédiatement remis dans l'eau, s'y agite d'une manière tellement violente qu'il réussit d'un coup de queue à sauter hors de l'aquarium. Au bout d'une minute l'immobilité et la rigidité musculaires sont complètes. Les fausses pattes sont les dernières à produire quelques mouvements. Une heure après le cœur bat encore.

Action sur le cœur. — *Expérience IV.* Un Homard bien vivace est fixé sur la planchette, le cœur est mis à découvert, il donne 56 pulsations à la minute. On injecte alors sous l'abdomen un demi-centimètre cube de la solution de nicotine. Tous les muscles du corps tremblent et se raidissent, les pinces très rigides sont portées en avant.

Deux minutes après l'injection le nombre des pulsations est monté à 90. Elles sont très intenses et se maintiennent à ce chiffre pendant dix minutes, puis s'affaiblissent lentement. Deux heures plus tard il y a encore 15 pulsations.

Expérience V. — Injecté trois gouttes de la solution sous l'abdomen d'un petit Homard dont le cœur mis à découvert donnait 50 pulsations. Ce nombre monte en trois minutes jusqu'à 74, maximum à partir duquel il recommence à diminuer après s'y être maintenu environ dix minutes. Deux heures plus tard, arrêt complet.

Expérience VI, expérience comparative. — Injecté sous la peau du flanc d'un Congre, mesurant 70 centimètres de longueur, 1 centimètre cube de la solution. A l'instant même de l'injection, l'animal éprouve une si forte commotion qu'il faut sortir la canule de la seringue, en sorte qu'une partie seulement du liquide a pu pénétrer.

Replacé immédiatement dans l'eau, l'animal est pris de convulsions épouvantables. Il fait plusieurs fois le tour de l'aquarium en tremblant de la tête à la queue. Il pâlit beaucoup sur les flancs, se raidit, puis se contourne sur lui-même en se tordant convulsivement ; la bouche est largement ouverte. Entre la troisième et la quatrième minute, l'animal se plie en arc de cercle, la tête et la queue se touchant, puis il tombe mort dans cette position au fond de l'aquarium. Dix minutes plus tard, l'animal est encore très raide. Le cœur se meut encore rapidement et continue à battre pendant une demi-heure.

Ces expériences nous indiquent que la nicotine est un des plus violents poisons pour les Crustacés, et si nous rapprochons ses effets de ceux obtenus par les physiologistes[1] sur les Vertébrés, nous serons frappés par leur similitude. « La nicotine, dit Claude Bernard, quelle que soit la voie par laquelle on l'administre, tue en produisant des convulsions extrêmement violentes. » L'illustre physiologiste signale l'action accélératrice qu'elle exerce sur les mouvements de la respiration et ceux du cœur et il montre comment cette action se produit par l'intermédiaire des nerfs pneumogastriques chez le chien.

Il serait intéressant de répéter nos expériences sur les Homards après avoir coupé les nerfs qui se rendent au cœur ; mais de pareilles expériences sont très difficiles chez des animaux si peu propres aux vivisections.

Quant à l'action spéciale de la nicotine sur les vaisseaux capillaires, il va sans dire que nous ne pouvons rien constater de semblable chez les animaux dont nous nous occupons dans ce travail.

Telles sont les notions que nous avons acquises par l'expérience sur l'action des principaux poisons sur le système nerveux des Crustacés. Nous rappellerons encore que le chloroforme et l'éther agissent chez eux de la même manière que chez les Vertébrés, ou du moins que le résultat final, l'anesthésie, est le même.

Il y a donc similitude sur les principaux points entre les propriétés générales du tissu nerveux chez les Crustacés et chez les Vertébrés.

FONCTION DE LA RÉGION ABDOMINALE DE LA CHAINE GANGLIONNAIRE. — La position de cette portion de la chaîne nerveuse chez les Arthropodes la rend facilement accessible et aide par conséquent aux recherches physiologiques. Pour la découvrir, il suffit, comme nous l'avons indiqué dans la partie de ce mémoire qui se rapporte à l'anatomie, de détacher avec soin la peau qui recouvre la face inférieure du corps depuis le voisinage immédiat des palettes caudales jusqu'à

---

[1] Voir Claude BERNARD, *Leçons sur les substances toxiques et médicamenteuses,* Paris, 1857, p. 397 et suiv.

la hauteur des ganglions thoraciques, en coupant les masses musculaires qui les réunissent. Les Macroures se prêtent seuls à une pareille étude, car chez eux seulement la chaîne abdominale a conservé
tout son développement. Parmi eux, ce sont les Homards et les Langoustes qui sont le plus propices, à cause de leur taille, à des expéri-
mentations significatives. Toutefois, la plupart des faits que nous
allons mentionner peuvent se vérifier sur l'Écrevisse d'eau douce, qui
est en général plus à la portée des physiologistes.

L'expérience doit être faite aussitôt après que la chaîne a été découverte, car l'animal s'affaiblit rapidement et les résultats perdent
bientôt de leur netteté.

Il s'agit de fixer l'individu sur lequel on opère, afin de se garantir
de ses soubresauts et de ses mouvements de défense. Pour cela, nous
l'attachons, couché sur le dos, sur une planchette percée de trous
par lesquels passent des ficelles, qui, ramenées sur l'animal, le tiennent fixé en trois points : à la partie antérieure entre la première et
la seconde paire de pattes, à la partie moyenne à la naissance de
l'abdomen, et à la partie postérieure à la naissance des palettes caudales. Ainsi fixé, les antennes, les pattes et les palettes caudales demeurant libres dans une certaine mesure nous rendent témoins des
effets de l'opération.

Expérience 1. — Découvert la chaîne abdominale d'un jeune Homard.
L'animal manifeste de la douleur pendant l'opération ; mais, une fois
qu'elle est terminée, il redevient parfaitement immobile. Il y a des
mouvements de douleur lorsqu'on excite mécaniquement avec la
pointe d'un scalpel la surface d'un ganglion ou des connectifs interganglionnaires. Le ganglion paraît plus sensible que le connectif,
mais nous ne pouvons noter aucune différence entre l'excitation de
la face supérieure et celle de la face inférieure sur le ganglion comme
sur le connectif.

L'excitation des ganglions postérieurs, et particulièrement du ganglion anal, provoque des mouvements de l'intestin et l'expulsion
d'excréments par l'anus. Ce dernier répond également à l'excitation du ganglion anal par des mouvements alternatifs d'ouverture et
de fermeture.

On coupe la chaîne à la hauteur du troisième anneau abdominal ;
au moment de la fermeture des ciseaux, vive douleur, soubresauts et
mouvements dans tous les appendices.

L'excitation du bout coupé postérieur produit de violentes contractions dans la région postérieure du corps et des mouvements de l'anus.

Le bout coupé est ramené sur une fine lamelle de verre, de telle manière qu'il est plus facile d'atteindre les faces supérieure et inférieure de la chaîne et de les exciter séparément.

Dans ce cas, l'effet produit est toujours le même, la face inférieure est aussi sensible que la supérieure, et réciproquement.

On détache peu à peu la portion postérieure de la chaîne. A chaque fois que l'on tranche les nerfs partant d'un ganglion, il se manifeste des mouvements dans le segment correspondant.

Les deux nerfs qui se détachent de la chaîne au niveau même de chaque ganglion sont à la fois sensibles et moteurs.

Arrivé au dernier ganglion, on peut remarquer une accélération dans les mouvements de l'anus pendant les minutes qui suivent la séparation de ce ganglion. Ces mouvements reprennent leur rhythme et le conservent pendant une heure, temps pendant lequel dura l'observation.

M. Vulpian, qui a également constaté dans ses expériences sur la chaîne ganglionnaire de l'Ecrevisse le fait de la persistance des mouvements d'ouverture et de fermeture de l'anus, après la séparation de toutes ses relations avec le ganglion anal, suppose l'existence de centres moteurs spéciaux pour l'anus.

Nous n'avons rien constaté dans les dilacérations et les coupes après traitement au chlorure d'or auxquelles nous avons soumis les parois de l'anus, qui pût servir de base à une pareille hypothèse.

On peut admettre que les mouvements de l'anus sont la conséquence des mouvements généraux de l'intestin. Cette dernière manière de voir est appuyée sur le fait que les mouvements cessent une fois qu'on a complètement séparé l'anus de l'intestin. Une comparaison de ces mouvements avec ceux du cœur séparé du corps ne peut dès lors plus être admise.

Quant à l'extrémité antérieure de la chaîne abdominale, les mêmes excitations produisent les mêmes effets dans la partie antérieure du corps, et là encore il n'y a aucune différence entre l'excitation de la face supérieure et celle de la face inférieure de la chaîne. Les pattes, pinces et antennes sont mises en mouvement si l'irritation est violente ; au contraire, ces mouvements sont localisés dans les segments les plus voisins lorsque l'excitation est modérée. La sensibilité est plus vive dans ce moment que lors de l'excitation de l'extrémité postérieure. Le contact de l'air semble momentanément aiguiser cette sensibilité.

Les résultats sont les mêmes si, au lieu d'une excitation mécanique, on procède avec la pince électrique ; mais les résultats sont plus nets dans le premier cas, la dérivation du courant les rend douteux dans le second.

Expérience II. — Un Homard bien vif étant préparé comme dans l'expérience précédente, on met en évidence les nerfs qui partent du second ganglion abdominal du côté droit.

Ces nerfs sont simples dès leur origine, comme MM. Vulpian et Lemoine l'ont parfaitement constaté, contrairement aux assertions de Longet. Il n'est pas possible de signaler sur aucun d'eux un renflement homologue au renflement de la racine postérieure des nerfs rachidiens des Vertébrés. Ils vont se rendre séparément dans les organes, où ils se terminent sans s'être réunis en aucun point. C'est là un fait important, car il éloigne la pensée d'une spécialisation de l'action motrice ou sensitive.

Ces nerfs partent du ganglion de deux points très rapprochés dont l'un est situé un peu au-dessus de l'autre. L'excitation de ces deux nerfs donne des résultats identiques quant à la production de mouvements dans les fausses pattes correspondantes où se rend en partie du moins le nerf inférieur et dans les muscles de l'abdomen où se ramifie le nerf supérieur.

L'excitation mécanique [de ces deux nerfs produit absolument les mêmes effets, et nous ne pouvons pas indiquer une différence entre eux. Ils sont tous deux sensibles et tous deux moteurs.

M. Vulpian a déjà constaté ce fait sur les nerfs de l'Ecrevisse.

Mais s'il est démontré que les nerfs irradiant de la chaîne abdominale sont simples dès leur sortie de la masse ganglionnaire, il pourrait se faire qu'une distinction fonctionnelle s'établisse dans les connectifs de la chaîne.

Cette supposition n'est pas appuyée par ce que nous avons dit de la distribution des tubes nerveux dans les connectifs, ni par les résultats de l'expérience I, et elle est anéantie par l'expérience suivante.

Expérience III. — Après avoir mis à nu la chaîne nerveuse chez un Homard de taille moyenne, nous introduisons à travers le connectif, entre le second et le troisième ganglion abdominal, une fine aiguille à cataracte très tranchante, de manière à diviser en ce point la chaîne en une portion supérieure ou dorsale et une portion inférieure ou ventrale. On coupe alors la partie de la chaîne au-dessus de la lame de l'aiguille, de telle sorte que la portion antérieure de la chaîne ne se trouve plus en relation avec la portion postérieure que par le faisceau fibreux courant à la face supérieure du connectif.

Si l'opinion de Newport, Valentin et Longet était vraie, les impressions sensitives qui, selon ces auteurs, se trouveraient localisées dans la région inférieure de la chaîne ganglionnaire, devraient non pas être anéanties complètement, puisque nos expériences antérieures nous ont appris que chaque ganglion abdominal est un centre moteur et sensitif, mais ne plus pouvoir se transmettre de la partie postérieure à la partie antérieure du corps. Or, il ne se montre rien de semblable et les impressions douloureuses portées sur les palettes de la queue ou les fausses pattes en arrière de la blessure sont parfaitement ressenties dans tout le corps, ce que l'animal manifeste par de violents mouvements des pattes et des antennes.

On obtient des résultats absolument identiques si, au lieu de trancher la face inférieure, on s'adresse à la face supérieure du connectif. Dans ce dernier cas, les mouvements des membres postérieurs sont provoqués lorsqu'on excite un point quelconque de la partie antérieure du corps, les actions réflexes se manifestent dans les deux sens.

Nous sommes donc en droit de conclure de ces expériences que les éléments nerveux centripètes et centrifuges sont mélangés dans la chaîne abdominale du Homard de telle façon qu'il n'est pas possible, contrairement à l'opinion de certains auteurs, d'y distinguer une région motrice et une région sensible.

M. Lemoine indique une cause d'erreur dans les expériences de ses prédécesseurs.

« Dans nos expériences, dit-il, sur la chaîne ganglionnaire mise à nu par sa face inférieure, il nous est plusieurs fois arrivé de constater qu'alors que l'excitation de la face inférieure d'un ganglion n'amenait de mouvement que dans les parties qui en recevaient directement leurs nerfs, l'excitation de la face supérieure produisait des mouvements beaucoup plus multipliés.

« L'explication toute naturelle de ce fait, à ce qu'il nous a paru, était que la face inférieure mise à découvert et privée par suite du contact du liquide ambiant se trouvait dans des circonstances bien moins favorables que l'autre face pour la conservation de ses diverses propriétés. Et, en effet, que de fois il nous a été donné de constater sur deux ganglions voisins les résultats les plus dissemblables par ce seul fait que l'un se trouvait depuis quelque temps à découvert, tandis que l'autre n'avait perdu aucun de ses moyens de protection.

« Les différences apparentes que nous signalions entre les deux faces d'un même ganglion sont inverses de celles indiquées par les auteurs ; aussi rappellerons-nous que leur mode d'expérimentation consistant à découvrir la portion de la chaîne abdominale par sa face supérieure laissait la face inférieure dans les circonstances les plus favorables à la généralisation des mouvements, c'est-à-dire à l'expression de la sensibilité. »

Nous ne pouvons qu'adhérer à ces justes remarques et faire remarquer, en outre, qu'une foule de petites causes peuvent influer sur les résultats, et ce n'est qu'après plusieurs tentatives que nous nous sommes rendu à l'évidence des faits.

Cette expérience a été répétée en plusieurs points de la chaîne ganglionnaire avec les mêmes résultats, et, puisque nous traitons de cette question de la non-localisation de la motricité et de la sensibilité en des points particuliers, nous dirons tout de suite que les ganglions et connectifs thoraciques se comportent absolument de la même manière que les abdominaux. C'est le premier ganglion thoracique, ou ganglion sous-œsophagien, qui a été l'objet de l'expérience ; nous n'y avons jamais trouvé de séparation entre les éléments moteurs et les éléments sensibles.

Ce dernier point présente un intérêt particulier en ce sens que M. Faivre est arrivé à des résultats diamétralement opposés en opérant sur un insecte, le Dytique (*Dytiscus marginalis*). Nous croyons devoir rappeler brièvement son observation :

« Si l'on pique légèrement, à l'aide d'une aiguille, la face inférieure du ganglion prothoracique chez le Dytisque, sans pénétrer dans la substance nerveuse, on obtient d'abord de petits mouvements dans les pattes correspondantes, puis bientôt des mouvements généraux dans les diverses pièces du corps de l'animal ; ces mouvements se produisent lors même que la lésion est pratiquée sur un point très local de la surface du ganglion, à droite par exemple.

« Si l'on irrite comparativement de la même manière la face supérieure, les effets sont très différents ; l'insecte ne donne aucun signe de douleur ; il meut seulement partiellement et avec intermittence la patte qui correspond au côté du ganglion lésé, mais les mouvements généraux ne se manifestent pas. »

Ces faits conduisirent M. Faivre à l'idée d'établir dans le ganglion la distinction des propriétés motrices et sensitives, et il y réussit dans l'expérience suivante :

Il enfonça dans la région latérale de la face supérieure du ganglion, en se rapprochant un peu du point d'émergence du nerf, une fine aiguille à cataracte, sans la faire pénétrer très profondément. Pendant l'opération, la patte correspondant au ganglion exécute des mouvements de torsion et d'extension caractéristiques, sans que l'insecte présente d'ailleurs des signes de douleur générale. Lorsque l'opération est terminée, la patte a perdu ses propriétés motrices. Si l'insecte marche, elle ne concourt pas à la progression ; si on la pince, elle ne se retire pas ; si on pince la patte correspondante avec les autres membres, elle demeure immobile. Cependant cette patte n'a pas perdu sa sensibilité : si on la pince, elle provoque des mouvements réflexes dans la patte correspondante, dans les autres pattes, dans les antennes, dans les pièces buccales.

Inversement, M. Faivre a obtenu la perte de la sensibilité en opérant sur la face inférieure du ganglion. Si on agit sur la moitié droite du ganglion, on paralyse la sensibilité de la patte droite ; en agissant sur la moitié gauche, on paralyse, de la même manière, la patte gauche.

Pour ce qui concerne les connectifs, les expériences n'ont pas donné des résultats très nets ; toutefois, elles ont montré que la sensibilité est plus marquée à la face inférieure du ganglion qu'à la face supérieure. Enfin les nerfs, qui sont simples dès leur origine, sont à la fois moteurs et sensitifs.

Ces faits et beaucoup d'autres semblables, pour l'exposé desquels nous renvoyons au mémoire de l'auteur, ont conduit M. Faivre aux conclusions suivantes :

« 1° La sensibilité et l'excitabilité sont distinctes dans les centres nerveux des Dytisques ; la face inférieure du ganglion est le siége plus spécial de la sensibilité, la face supérieure est le siége spécial de l'excitabilité.

« 2° En agissant sur la face supérieure, on peut déterminer dans la patte correspondant au côté lésé une paralysie du mouvement avec conservation de la sensibilité.

« 3° En agissant superficiellement et latéralement par la face inférieure, on peut déterminer une paralysie de la sensibilité avec conservation du mouvement.

« 4° En déterminant une double paralysie, on n'abolit pas les propriétés conductrices du ganglion [1]. »

Les résultats auxquels Longet était arrivé à la suite de ses expériences sur le *Palinurus quadricornis* se rapprochent de ces derniers. Les nôtres, au contraire, montrent que les Crustacés sont bien inférieurs aux Insectes sous le rapport de la délimitation des fonctions motrices et sensitives.

Lorsqu'un ganglion est découvert, il perd partiellement son excitabilité au bout d'un certain temps. C'est ainsi qu'après une demi-heure ou trois quarts d'heure, l'excitation d'un ganglion qui, au début, provoquait des mouvements de douleur dans toutes les parties du corps n'intéresse plus que les régions les plus voisines, et, un peu plus tard, ces mouvements sont entièrement localisés dans les appendices qui reçoivent directement leurs nerfs du ganglion en expérience.

On peut, d'après Lemoine, expliquer ce fait en admettant que parmi les différentes propriétés de la chaîne ganglionnaire la sensibilité indiquée par des contractions générales serait celle qui s'affaiblirait et disparaîtrait la première, tandis que les propriétés motrices seraient plus longtemps conservées.

« Or, dit cet anatomiste, ces propriétés s'exerceraient de deux façons : tout d'abord sur les nerfs partant du ganglion lui-même, cette action étant la plus marquée et la plus durable ; en outre, le ganglion aurait une certaine influence sur les ganglions suivants et notamment sur la partie postérieure de la chaîne. »

Cette action des ganglions les uns sur les autres est très évidente ; elle ressort, du reste, des expériences suivantes, qu'il nous reste à exposer.

Expérience IV. — Une petite fente transversale est pratiquée entre le premier et le second ganglion abdominal, dans le tégument de la face inférieure du corps, sur un *Palæmon serratus*. On y introduit les pointes de fins ciseaux jusqu'à ce qu'ils viennent rencontrer les connectifs, puis on coupe. Au moment de la fermeture des ciseaux, il y a un vif soubresaut, la queue est vivement ramenée en avant, puis rejetée en arrière. L'animal remis dans l'eau tombe au fond de l'aquarium, où il marche traînant après lui la portion du corps postérieure à la

---

[1] Faivre, *Recherches sur la distinction de la sensibilité et de l'excitabilité dans les diverses parties du système nerveux du Dytisque, in Ann. des sc. nat.*, 5e série, t. I, p. 89, 1864.

blessure. Cette portion semble inerte, cependant ses mouvements se réveillent à la moindre excitation mécanique. On y observe bien de temps à autre quelques mouvements en apparence spontanés dans les fausses pattes abdominales, mais ces mouvements répondent certainement par acte réflexe à une irritation dont la cause n'est pas toujours appréciable.

Les ganglions postérieurs ont conservé leur pouvoir locomoteur et sensitif, mais ils jouent le rôle de centres nerveux indépendants, dont l'activité n'est plus coordonnée avec celle des ganglions antérieurs et nécessite une excitation venue du dehors.

Lorsqu'on vient à exciter l'animal dans la région postérieure, il donne de violents coups de queue qui réussissent à le faire progresser en arrière, et qui se répètent par action réflexe à chaque excitation nouvelle. Les mouvements de la queue ne sont plus soumis à la volonté, en sorte que cet organe est devenu pour ainsi dire inutile à l'animal, il ne peut plus s'en servir pour nager.

Plusieurs Palémons auxquels nous avons pratiqué des lésions de la chaîne dans la région abdominale et que nous avions eu l'imprudence de replacer dans un grand aquarium en compagnie de quelques Crabes furent atteints par ces derniers, beaucoup plus agiles à la course, et presque complètement dévorés dans l'espace d'une nuit.

Il faut noter que les mouvements des fausses pattes sont d'autant plus réguliers dans l'action réflexe que l'on a coupé la chaîne plus avant.

Si on sépare tous les ganglions abdominaux, en coupant leur connectif, on ne peut plus parler de régularité. Chaque segment travaille pour son compte, sous l'influence du ganglion demeuré intact. Les appendices correspondants ont conservé mouvement et sensibilité, ils se retirent lorsqu'on les pince et paraissent même parfois très sensibles; mais quelles que soient les excitations portées sur un segment du corps, les segments voisins n'en sont plus avertis et leurs mouvements n'en sont plus influencés. L'action réflexe est tout à fait localisée.

Expérience V. — Nous constatons les mêmes faits sur les Homards et les Écrevisses. Un Homard auquel on a coupé la chaîne ganglionnaire à la hauteur du connectif qui unit le premier au second ganglion abdominal ne donne plus de coups de queue volontaires et on peut le prendre en toute sécurité; mais si on vient à le pincer dans la région postérieure du corps, il y a des mouvements réflexes très violents. Il ne se montre pas plus que dans l'expérience précédente de coordination dans les mouvements de la partie antérieure et de la partie postérieure du corps[1].

En résumé, on peut conclure, des faits que nous venons d'exposer, que :

1° Les ganglions et les connectifs qui constituent la chaîne abdominale sont à la fois moteurs et sensitifs ;

2° Chaque ganglion agit comme centre moteur et sensitif dans le segment auquel il appartient et y préside aux actions réflexes ;

3° L'excitant physiologique auquel on donne le nom de volonté a sa source en dehors de la région abdominale de la chaîne nerveuse ;

4° Il n'y a pas de siège particulier dans cette région pour le mouvement et la sensibilité. Cela ne veut pas dire cependant qu'il n'y ait pas en réalité des éléments nerveux distincts pour les actions centrifuges et centripètes ; mais, s'ils existent, ils ne sont pas localisés sur des points particuliers et déterminés, tels que les faces supérieure et inférieure ;

5° Les appendices situés en arrière de la coupure ne se meuvent plus volontairement, mais répondent parfois régulièrement à des excitations extérieures.

FONCTIONS DE LA RÉGION THORACIQUE DE LA CHAINE NERVEUSE. — A. *Macroures*. — La portion thoracique de la chaîne est beaucoup plus difficile à atteindre que la portion abdominale. Elle occupe, en effet, une position moins superficielle, et elle est, chez tous les Macroures, protégée par des pièces calcaires dépendant du sternum, qui lui constituent un étui solide, dont il faut préalable-

---

[1] M. MILNE-EDWARDS dit à ce propos, dans ses *Leçons de physiologie et d'anatomie comparée*, t. XIII, 1ʳᵉ partie, 1878-79, p. 125, note 1 :

« Quelques expériences que j'ai eu l'occasion de faire en 1827 sur les Squilles me paraissent prouver que chez les Crustacés les mouvements de la région abdominale du corps sont dus à des actions réflexes seulement lorsque les communications organiques entre les ganglions thoraciques et les ganglions céphaliques ont été interrompues. A cette époque, l'attention des physiologistes n'était pas fixée sur les distinctions qu'il convient d'établir entre la sensibilité proprement dite et les impressions sentitives inconscientes, en sorte que je considérais alors tous les mouvements induits provocables dans la portion abdominale du corps des animaux soumis à ces vivisections comme étant des indices de l'existence de la faculté de sentir dans cette région, et j'interprétais de la même manière les phénomènes analogues que nous avions observés, Audoin et moi, chez des Homards ; mais je suis disposé à croire maintenant qu'ils étaient dus en partie à des actions réflexes. »

ment se débarrasser lorsqu'on veut léser directement les ganglions.

Dans nos expériences, nous avons toujours découvert la chaîne par la face inférieure, d'où elle est beaucoup plus accessible que par la face supérieure. Il s'agit pour cela de faire sauter au moyen de ciseaux solides les pièces sternales qui surplombent en dehors sur la face inférieure, puis les apodèmes qui constituent les faces latérales du canal calcaire. Il faut, dans cette opération, user des plus grandes précautions, afin de ne pas léser la substance nerveuse, ni couper les faisceaux qui se rendent dans les membres qui doivent servir de réactifs moteurs et sensibles dans les expériences. Nous procédions généralement en faisant sauter de très petites esquilles que nous retirions les unes après les autres avec les pinces, les détachant de leurs adhérences au moyen du scalpel.

C'est à la hauteur des grandes pinces que l'on rencontre le plus de difficultés à cause de l'étroitesse de la face inférieure du canal en ce point. Il faut, au préalable, solidement fixer l'animal, dont les plus faibles mouvements pourraient gêner l'opérateur.

Avec un peu d'habitude on parvient après un temps assez court à découvrir complètement la chaîne dans cette région.

Nous avons spécialement opéré sur le ganglion sous-œsophagien et indistinctement sur les autres ganglions thoraciques.

Parlons d'abord de ces derniers.

Si nous faisons pour le moment abstraction du premier ganglion, il nous reste à considérer cinq paires ganglionnaires donnant chacune naissance à deux nerfs de chaque côté.

Les expériences auxquelles nous avons soumis ces ganglions nous ont donné des résultats analogues à ceux obtenus sur les ganglions abdominaux. Ils sont à la fois sensitifs et moteurs, sans qu'il soit possible de signaler à ce sujet la moindre distinction entre les différentes faces du ganglion. C'est ici le lieu de relater l'expérience dont nous avons déjà cité le résultat, lorsque nous discutions la question de la séparation des deux pouvoirs dans les ganglions abdominaux.

Expérience I. — On met à nu la portion thoracique de la chaîne ganglionnaire d'un jeune Homard en bonne santé, en ayant soin de ne pas détruire les relations avec les membres correspondants. Il y a une forte perte de sang que l'on étanche avec une fine éponge, afin d'avoir la chaîne aussi nette que possible.

Une fois que l'animal ne fait plus aucun mouvement, on pique légèrement, à l'aide d'une aiguille, la face inférieure du deuxième ganglion, qui, par le fait de sa distance de celui qui le précède et de celui qui le suit, est le plus propre à l'expérience. Il se produit des mouvements dans la paire de pattes correspondante, ces mouvements se propagent aux paires de pattes voisines et finissent par intéresser tout le corps une fois que la piqûre est plus violente, et qu'on a enfoncé la pointe de l'aiguille dans la substance nerveuse elle-même. Il y a donc sensibilité, et douleur ressentie; du moins, c'est ce que semble témoigner l'animal en se débattant fortement. Les mouvements sont brusques, à chaque piqûre nouvelle il fait des efforts pour plier la queue sous l'abdomen, ce qui lui réussit lorsqu'on laisse cette dernière libre. Mais il y a en même temps motricité, car, au début de l'expérience, on n'obtenait que des mouvements localisés. Ainsi, lorsqu'on piquait le côté droit du ganglion, la jambe droite seule répondait par de légers mouvements, qui pouvaient devenir plus amples lorsqu'on augmentait l'excitation, et se communiquaient tout d'abord à la jambe située directement en arrière, avant même que la jambe de l'autre côté eût bougé.

Si, au contraire, on s'adressait au côté gauche du ganglion, les mêmes phénomènes se produisaient dans la patte gauche correspondante.

La face inférieure semble par conséquent sensible et motrice.

Il en est de même de la face supérieure. Afin de l'atteindre, il faut se munir d'une aiguille extrêmement fine et d'une grande patience, car on ne réussit pas du premier coup à soulever la chaîne sans la détériorer, de manière à passer l'aiguille sur la face supérieure du ganglion, qui est l'inférieure dans la position qu'occupe l'animal. Dans les cas favorables, on peut se convaincre que la face supérieure est sensible et motrice.

On peut répéter cette expérience chez l'Écrevisse.

Expérience II. — Découvert la chaîne thoracique d'un jeune Homard. On plonge dans le second ganglion thoracique, le même sur lequel a porté l'expérience précédente, une aiguille à cataracte fine et tranchante, de manière à entamer le ganglion à peu près dans le milieu de son épaisseur. L'introduction de l'aiguille parallèlement aux faces du ganglion n'est pas aussi facile que pour les ganglions abdominaux, par le fait que les pattes empêchent de lui donner une bonne direction. Il faut introduire l'aiguille entre les pattes et la glisser un peu obliquement après avoir soulevé les régions voisines sur de très-fins tubes de verre. On ne réussit généralement qu'à entamer la portion la plus superficielle.

Au moment de l'introduction de l'aiguille, l'animal manifeste une très vive douleur.

Une fois qu'elle est introduite dans le ganglion, on retourne l'aiguille en la soulevant brusquement de manière à déchirer les éléments de la face inférieure de la chaîne.

Dans ce cas, on obtient les mêmes résultats que ceux mentionnés à l'occasion de la même opération sur les connectifs et les ganglions abdominaux, c'est-à-dire qu'on obtient des mouvements en avant du ganglion opéré, lorsqu'on pince la queue par exemple, et que cette dernière bat vivement si on pince les antennes, les pattes mâchoires, etc. Il y a mouvements de défense et sensation douloureuse dans toutes les parties du corps.

En outre, si on interroge la paire de pattes correspondantes, on trouve qu'elle a conservé sa sensibilité aussi bien que ses mouvements, quoique ces derniers soient difficiles à provoquer. Le meilleur moyen pour y parvenir est de pincer fortement les pattes voisines.

Nous devons avouer n'avoir jamais réussi à réaliser la contrepartie de cette expérience, c'est-à-dire à détruire la face supérieure du ganglion tout en conservant intacte sa face inférieure. Des difficultés inhérentes à la disposition des pièces protectrices de cette portion de la chaîne nous en ont empêché. Nul doute cependant que les résultats n'eussent concordé avec la première partie de l'expérience et n'eussent conduit à la même conclusion.

Il nous reste à parler du premier ganglion ou ganglion sous-œsophagien. Nous avons tenu à lui donner une place à part dans cet exposé, parce que les expériences pratiquées sur son homologue chez le Dytique par M. Faivre ont établi qu'au point de vue fonctionnel il partage quelques-unes des propriétés de l'encéphale des Vertébrés, c'est-à-dire l'excitabilité et la coordination des mouvements.

Il est très difficile à découvrir chez le Homard à cause de sa position au-dessous des dernières pattes mâchoires. On ne peut guère y atteindre directement sans détacher celles-ci. Aussi est-ce indirectement, en plongeant une aiguille à cataracte depuis le niveau des grandes pinces, qu'on réussit à le détruire sans toucher aux pièces de la mâchoire. De cette façon, on ne peut garantir de n'avoir pas altéré les organes situés au-dessous, et de là les doutes qu'il est permis de conserver sur l'ensemble de ses fonctions. Nul mieux que nous n'apprécie combien de nouvelles recherches seront nécessaires pour élucider complètement le rôle qu'il remplit dans la chaîne ganglionnaire.

Quoi qu'il en soit, voici les résultats bruts de nos expériences :

Expérience I. — Un Homard de petite taille est préparé de manière à permettre l'introduction d'une aiguille dans la masse du ganglion sous-œsophagien.

Au moment de la pénétration de l'aiguille dans la masse nerveuse, on a peine à maintenir l'animal en position, tant la douleur est vive et la contraction violente. Si immédiatement après l'opération on le replonge dans l'eau, il donne un violent coup de queue en pénétrant dans le liquide, puis il descend la tête la première au fond de l'aquarium, conservant pendant un moment une position inclinée, la partie postérieure du corps demeurant la plus élevée.

Les pattes et les fausses pattes ne sont point paralysées, mais ne répondent plus que par action réflexe aux excitations Parfois même on saisit quelques mouvements en apparence spontanés, mais sans aucune régularité ni coordination. Les palettes caudales sont largement étalées et la queue étendue. Si l'on vient à toucher cette dernière, elle est ramenée sous l'abdomen, et alors les palettes caudales se rapprochent. Mouvements alternatifs d'ouverture et de fermeture de l'anus.

La partie antérieure du corps est plus fortement atteinte. Toutes les pièces de la mâchoire et les pattes mâchoires sont paralysées. On ne réussit pas à y provoquer le moindre mouvement. Les palpes qui président au renouvellement de l'eau dans la chambre branchiale sont également immobiles. De plus, la sensibilité est éteinte dans toutes ces pièces. On peut les couper, les pincer, sans que l'animal manifeste la moindre douleur.

Il ne manifeste rien non plus lorsqu'on approche un morceau de viande de ces appendices.

Les yeux et les antennes ont conservé leur mobilité et leur sensibilité, contrairement à une observation de Lemoine sur l'Écrevisse.

Le Homard, couché sur le dos, ne fait aucun effort pour se relever, à condition cependant qu'on n'excite pas sa partie postérieure. Dans ce cas, il se peut qu'il reprenne sa position par un coup de queue réflexe.

7

Lorsqu'on introduit un corps étranger entre les grandes pinces, celles-ci le serrent sans beaucoup de force ; mais si on touche aux yeux ou aux antennes, on ne voit aucun mouvement de défense.

Expérience II. — Pratiquée sur un Palémon. Chez cet animal les ganglions thoraciques sont tellement rapprochés qu'ils ne constituent plus qu'une seule masse allongée dont les différentes pièces sont à peine distinctes.

Cependant, si on introduit à travers la carapace une aiguille au niveau de la portion antérieure de cette masse nerveuse et qu'on l'y agite rapidement en différents sens, l'animal manifeste de vives douleurs. Les pièces masticatrices sont paralysées et anesthésiées. Remis dans l'eau, il donne un ou deux coups de queue, puis il tombe au fond de l'aquarium, où il ne tarde pas à mourir, ne répondant plus à aucune excitation.

La coloration de l'animal a pâli à la suite de l'opération.

Expérience III. — Répété les expériences précédentes sur l'Ecrevisse en suivant pour la technique les observations de Lemoine. Les résultats concordent avec ceux énoncés plus haut. Ils diffèrent de ceux énoncés par Lemoine en ce qu'après la destruction du ganglion en question, les appendices céphaliques nous ont toujours paru avoir conservé leur sensibilité aussi bien que leur pouvoir moteur. Lorsqu'on pince une de leurs antennes internes, l'antenne opposée se met à battre violemment. Il y a encore des mouvements volontaires comme avant l'opération.

Le même auteur nous apprend que dans cette vivisection l'Ecrevisse meurt au milieu de mouvements convulsifs. Nous n'avons jamais rien noté de semblable chez nos animaux.

Expérience IV. — On peut arriver à détruire un des côtés seulement du ganglion sous-œsophagien. C'est ce qui nous a réussi chez un Homard, qui avait alors complètement conservé son mouvement et sa sensibilité dans les pièces de la mâchoire du côté non lésé. Dans cette expérience, l'aiguille avait atteint le côté droit. Tous les appendices situés au-dessous de la blessure furent altérés dans leurs mouvements, tandis que ces derniers restèrent normaux dans les membres du côté opposé. De là un défaut de coordination entre les mouvements des membres de la partie droite et de la partie gauche du corps et prédominance des mouvements de la partie non lésée. De là un mouvevement selon une ligne courbe du genre de ceux que nous aurons à décrire plus loin en parlant du cerveau.

Il faut ajouter que si on pince une patte du côté lésé en arrière de la blessure, non seulement elle répond, mais elle suscite encore des mouvements de douleur dans les membres voisins et jusque dans les appendices céphaliques. La conductibilité sensitive se fait par conséquent au cerveau, centre moteur des antennes et des yeux, à travers la portion gauche du ganglion thoracique, ce qu'on peut s'expliquer si on se rappelle les faisceaux fibreux qui établissent une commissure entre les deux moitiés de chaque ganglion.

En résumé, on peut dire que le ganglion sous-œsophagien se conduit à la manière des autres masses ganglionnaires de la région thoracique, qu'il joue le rôle de centre moteur pour les pièces de l'appareil masticateur et que sa destruction abolit tout mouvement volontaire dans les appendices de la région postérieure du corps.

B. *Brachyures*. — Nous avons opéré sur un grand nombre de Crabes d'espèces voisines : *Cancer menas*, *Portunus puber*, *Cancer paragus*, etc.

Nous savons que, chez ces animaux, les ganglions thoraciques ne constituent qu'une seule masse annulaire située sur la face ventrale de la cavité thoracique, que cette masse est percée d'un orifice par lequel peut passer l'artère sternale, en sorte qu'il n'est pas possible de détruire les ganglions sans déchirer cette dernière, ce qui rend ces animaux peu propres aux expériences physiologiques sur ce ganglion. Du reste, il faut pratiquer des lésions considérables pour le découvrir, en sorte que nous nous sommes contenté de l'atteindre du dehors au moyen d'une forte aiguille, après avoir exactement noté sa position par rapport à la face inférieure de la carapace.

Expérience I. — Plongé une aiguille à travers la carapace à la hauteur du ganglion thoracique. Vive douleur. L'aiguille est agitée dans différentes directions. A ce moment, les pattes se détendent brusquement et demeurent paralysées dans une position à peu près horizontale. Les pièces masticatrices et les pattes mâchoires sont également atteintes. La sensibilité a aussi disparu, car on peut pincer ou couper les pattes en petits morceaux, sans qu'il y ait de mouvements, ni dans les appendices céphaliques, ni dans l'abdomen. Les appendices céphaliques sont normaux, les antennes internes frappent l'eau; si on réussit à en saisir une au bout de la pince, l'autre se rétracte aussitôt; il en est de même pour les yeux. Le phénomène est moins sensible pour les antennes externes, dont les mouvements sont plus restreints.

Lorsqu'on ouvre l'abdomen, il se replie aussitôt sous le thorax, tandis que les pattes paralysées demeurent dans la position qu'on leur a donnée.

Il est rare d'arriver du premier coup à détruire complètement le ganglion, et lorsque l'aiguille n'en a atteint qu'une partie, diverses pièces de la mâchoire et certaines pattes peuvent conserver leur mobilité.

Afin de nous assurer des parties touchées par l'aiguille, nous enlevions toujours le ganglion après la mort de l'animal et l'examinions soigneusement à la loupe.

Dans les cas où la partie droite du ganglion avait été détruite et où la partie gauche était demeurée intacte, on obtenait des mouvements de rotation, mouvements analogues à ceux observés chez le Homard. Après la lésion partielle du ganglion sous-œsophagien, ce mouvement rotatoire est évidemment dû à un défaut d'équilibre qui est la conséquence de l'altération des mouvements volontaires dans l'un des côtés du corps ou même de l'abolition absolue des mouvements de ce côté.

Il faut bien remarquer, en effet, que lorsque la destruction de la substance nerveuse est complète d'un côté du ganglion, les mouvements des membres du même côté se trouvent par ce fait complètement abolis et qu'on n'y obtient plus de mouvements réflexes.

Ce n'est que dans des cas de destruction incomplète que certains membres pouvaient encore répondre à des excitations périphériques.

Expérience II. — Un gros Cancer paragus meurt dans l'aquarium pendant la nuit. Le lendemain matin on découvre son ganglion thoracique en ayant soin de conserver les relations avec les membres.

Les nerfs sont encore irritables. En posant la pince électrique sur le ganglion, on provoque des mouvements dans tous les appendices, aussi bien les pièces buccales que les pattes. Si le courant est fort (bobine fermée), on réussit même à provoquer des mouvements dans les antennes, par une dérivation du courant sur le cerveau à travers les connectifs de l'anneau œsophagien. Avec un très faible courant, on peut localiser, au contraire, l'excitation et produire des mouvements dans les pattes et les pièces de la mâchoire d'un seul côté.

L'excitation d'un nerf ne suscite de mouvements que dans le lieu où il se rend.

Nous ajouterons ici que chez les Crabes morts naturellement, l'excitabilité nerveuse peut se conserver parfois pendant vingt-quatre heures et même davantage.

Expérience III.—Si on plonge l'aiguille verticalement dans la masse thoracique, sans dilacérer le ganglion, on réussit parfois à obtenir la paralysie d'un membre seulement. C'est ce qui est arrivé à deux reprises chez un Cancer menas et un Portunus puber. Nous pouvons conclure de ce fait qu'il existe •bien réellement un rapprochement intime des divers ganglions et non une confusion complète de leurs éléments.

On peut varier ces expériences, en débarrassant la place occupée par les ganglions de l'enveloppe calcaire qui la recouvre et en agissant alors sur la substance nerveuse avec une aiguille chauffée au rouge.

Somme toute, nous voyons que le gros ganglion composé des Brachyures se comporte de la même manière que les ganglions plus distancés des Macroures. L'anatomie comparée pouvait nous faire prévoir ce résultat.

FONCTIONS DU GANGLION SUS-ŒSOPHAGIEN OU CÉRÉBROIDE ET DES CONNECTIFS DE L'ANNEAU ŒSOPHAGIEN. — La position de ce ganglion sur la face dorsale de l'œsophage, son développement considérable, l'importance des organes auxquels se rendent les nerfs qui y prennent naissance, la complication de structure que nous avons fait ressortir dans la première partie de ce mémoire, donnaient un intérêt tout particulier à son étude physiologique.

Nous ne connaissons, à propos des fonctions de cet organe chez les Crustacés, que les recherches déjà souvent citées de Lemoine sur l'Ecrevisse.

Quant aux Crustacés brachyures, que nous avons fréquemment employés, parce qu'ils se prêtent fort bien à de pareilles études, nous ne connaissons aucun travail physiologique sur leur cerveau.

A. *Macroures.* Nous avons expérimenté sur le Homard, le Palémon et l'Ecrevisse. Pour atteindre le cerveau, nous avons surtout suivi les indications minutieuses dans lesquelles Lemoine est entré en décrivant les pièces protectrices de cet organe. Nous avons appliqué les connaissances ainsi acquises sur l'Ecrevisse aux autres Macroures, après avoir procédé à une étude spéciale de la position du cerveau par rapport aux pièces environnantes. Nous attaquions toujours l'animal vivant et non chloroformé.

Il nous faut avouer que ce n'est qu'après bien des essais infructueux que nous sommes parvenu à opérer en toute connaissance de cause ; c'est pourquoi nous croyons devoir résumer ici quelques notions indispensables pour comprendre le mode d'opération, renvoyant le lecteur, pour plus de détails, au travail cité plus haut. Ce que nous allons dire peut s'appliquer en général aux trois espèces qui nous ont servi.

La masse cérébrale est renfermée dans une espèce de boîte calcaire.

Les pièces qui la constituent présentent à leur point d'union de légères saillies ou des dépressions qui deviennent d'un grand secours comme points de repaire correspondant à telle ou telle région du cerveau.

Le cerveau occupe une position moyenne au niveau du second anneau céphalique. Pour l'atteindre de la face inférieure, il faudra enlever la pièce sternale de cet anneau, ce qui n'est guère possible sans enlever en même temps les antennes internes auxquelles cette pièce est directement accolée, ou bien percer cette pièce au moyen d'une forte aiguille, après l'avoir préalablement amincie avec un scalpel.

Dans le premier cas, on produit une mutilation qui affaiblit beaucoup l'animal, en lui faisant perdre une grande quantité de sang, et l'on se prive des antennes internes qui peuvent être utiles comme réactif physiologique.

La pièce sternale dont il s'agit est triangulaire chez le Homard, son angle antérieur vient s'appliquer contre la base des antennes internes. Il existe en ce point un intervalle membraneux à travers lequel il est encore possible d'atteindre le cerveau, en y passant convenablement une aiguille au moyen de laquelle on pourra, selon les cas, simplement piquer ou bien dilacérer et détruire complètement le cerveau.

Si l'on veut atteindre le bord supérieur ou le bord inférieur, il faudra recourir à une aiguille courbe introduite convenablement dans cet intervalle.

On peut encore se servir, à la place d'aiguille, d'une fine canule en platine au moyen de laquelle on fait pénétrer dans la substance nerveuse divers réactifs (acides, glycérine, etc.).

En opérant par l'intervalle membraneux dont nous venons de

signaler l'existence, on a l'avantage de ne pas faire perdre de sang à l'animal.; par contre, il faut bien des tâtonnements afin d'agir d'une manière certaine, et pour certaines questions l'ablation des antennes sera préférable.

Lorsqu'on veut isoler le cerveau de ses relations postérieures en coupant les connectifs de l'anneau œsophagien, il faudra agir sur la saillie losangique qui fait suite à la plaque sternale et qui est le résultat de la suture de la seconde avec la troisième pièce céphalique.

Pour la marche à suivre, nous rapporterons ce que Lemoine en dit chez l'Ecrevisse ; on peut presque en tous points l'appliquer chez le Homard :

« Les deux côtés antérieurs du losange sont les plus prononcés. Les deux côtés postérieurs, dirigés vers la dépression de la carapace qui précède l'orifice buccal, sont beaucoup moins prononcés, ainsi que l'angle qui les unit.

« Une aiguille enfoncée directement en haut, au niveau de l'angle antérieur du losange, vient s'insinuer entre les deux pédoncules cérébraux (lisez : les connectifs de l'anneau œsophagien), immédiatement à leur point de départ de la masse cérébrale...

« Ces pédoncules sont assez profondément situés et séparés de la partie correspondante de la carapace par une artère qui va se rendre à la face antérieure du cerveau.

« Il n'est donc guère possible, pour arriver aux pédoncules, de ne pas entamer ce vaisseau; aussi en résulte-t-il une hémorrhagie qui a le double inconvénient de masquer la vue des parties profondes et d'affaiblir l'animal.

« Il faut donc agir rapidement, et par une méthode telle que l'on n'ait pas besoin de s'aider de la vue.

« Voici le procédé qui nous a le mieux réussi :

« Avec la pointe d'un assez fort scalpel enfoncée obliquement sur l'un des côtés antérieurs de l'éminence losangique, ou fait sauter la plaque correspondante.

« On enfonce alors directement en haut, en s'appuyant contre la dépression correspondant à l'angle antérieur, la lame mince d'un petit scalpel à extrémité mousse, le dos de la lame dirigé en avant.

« On doit prendre le plus grand soin pour que la lame conserve la position parfaitement verticale, de telle sorte qu'elle s'introduise tout naturellement entre les deux pédoncules. En effet, la moindre déviation suffit pour la diriger soit au niveau d'un des pédoncules, qui est alors plus ou moins contus et éloigné de sa position primitive, soit même en dehors de ces cordons nerveux.

« Quand on a évité cette cause d'erreur et que la lame paraît placée entre les deux pédoncules, on glisse sur l'une de ses faces les pointes entr'ouvertes d'une paire de ciseaux très fins, et l'on sectionne, soit l'un des pédoncules, soit les deux, en agissant de même sur l'autre côté de la lame du scalpel.

« Aussitôt après l'opération, on essuie les bords de la plaie, pour permettre l'adhérence d'un petit fragment de cire légèrement échauffée entre les doigts, et l'on remet l'animal dans l'eau.

« On peut également, par l'orifice pratiqué au niveau du tubercule losangique, appliquer divers excitants sur les pédoncules laissés intacts. »

Outre ces procédés, nous avons tenté d'atteindre le cerveau par sa face supérieure. Cette méthode est difficile, mais non impossible.

Si d'un côté elle affaiblit beaucoup l'animal, elle permet de se rendre compte *de visu* des différentes régions du cerveau et de procéder avec plus de certitude. Nous nous en sommes surtout servi pour contrôler et vérifier certains faits que les méthodes précédentes nous avaient appris.

Pour cela, on fait sauter le rostre, qui, chez le Homard et le Palémon, est fort prolongé en avant, puis on introduit dans la fente qui en résulte de fins ciseaux que l'on dirige délicatement, de manière à découper dans les parties les plus superficielles un espace rectangulaire d'où l'on détache ce fragment de carapace avec un scalpel.

On arrive ainsi sur les membranes, dont on se débarrasse avec la pince et le scalpel jusqu'au point où le cerveau se montre à découvert.

Si l'on agit rapidement, l'animal est encore parfaitement vivace et il ne nous est jamais arrivé d'en voir mourir pendant l'opération. Cependant, il s'épuise après un temps qui varie beaucoup d'un individu à l'autre, mais qui est en général suffisant pour pratiquer l'expérience.

Si on replace l'animal dans l'eau, dans cet état, et sans agir sur le cerveau, il reprend ses allures ordinaires et survit une heure ou deux, quelquefois davantage... C'est ainsi qu'un Homard opéré comme nous venons de le dire, à quatre heures après midi, le 19 août, se trouvait encore en vie le lendemain matin à dix heures, heure à laquelle il fut soumis à une expérience.

Ces notions acquises, voyons quels ont été les résultats obtenus.

Expérience I. — Le cerveau d'un Palémon de grande taille est mis à nu par sa face inférieure. Pendant l'opération, mouvements généraux de douleur.

L'animal, tenu jusqu'alors dans la main, est fixé sur une légère planchette et l'on attend qu'il ait recouvré le repos.

On approche alors la pointe d'une fine aiguille de la face découverte et l'on suit sous la loupe les mouvements donnés à cette pointe. Au moment où elle est appliquée sur le cerveau, il se manifeste des mouvements de sensibilité générale, le bout de la queue demeuré libre se redresse brusquement, les pattes antérieures éprouvent un léger tremblement. Si on presse la pointe un peu fortement, les mouvements deviennent plus intenses, ils sont surtout sensibles dans les antennes externes et les yeux. (Nous ne pouvons parler des antennes internes qui ont été blessées pendant l'opération.)

On substitue à l'aiguille la pointe d'un scalpel chauffé au rouge, et on l'applique sur la face cérébrale, en ayant soin de ne pas l'enfoncer. Vive douleur, tremblement des pattes antérieures, les fausses pattes frappent l'air avec rapidité.

L'animal semble un moment épuisé, et, à la suite de la brûlure, l'attouchement avec la pointe de l'aiguille semble le laisser insensible. Cependant, si on fait pénétrer légèrement l'aiguille dans la substance nerveuse, on obtient des mouvements dans les appendices antérieurs.

Ces mouvements sont localisés, ils n'intéressent que l'antenne externe et l'œil correspondant au côté piqué dans le cerveau.

Des mouvements analogues peuvent se manifester en arrière, dans les pièces de la mâchoire, les pinces, les pattes et les fausses pattes de la moitié du corps correspondant au côté du ganglion atteint par l'aiguille. Mais ces mouvements s'éteignent bien avant ceux de l'antenne et de l'œil. Ils ont même si complètement disparu que, dans les tentatives que nous faisons pour les réveiller, en opérant toujours sur la même portion du cerveau, l'animal donne un violent coup de queue sans qu'aucune des pattes ait bougé.

Comme nous essayions d'atteindre la face supérieure du cerveau, l'animal réussit à se détacher, et s'affaiblit tellement qu'il ne nous paraît plus propre à la continuation de l'expérience.

Expérience II. — Le cerveau d'un Palémon est mis à découvert par sa face inférieure. L'animal est fixé.

On applique sur le ganglion une petite goutte d'eau acidulée avec de l'acide chlorhydrique[1]. Mouvements généraux de douleur qui durent environ une minute. L'animal, une fois calmé, est excité mécaniquement avec la pointe d'une aiguille. Mouvements locaux dans les appendices correspondant au côté blessé. Le cerveau est alors complètement écrasé entre les mors d'une petite pince; mouvements et soubresauts dans tout le corps. L'animal est aussitôt détaché et replacé dans l'aquarium; il tombe au fond, sans plus exécuter le moindre mouvement.

Retiré une minute plus tard, on obtient des réflexes dans les fausses pattes, en pinçant fortement les palettes caudales.

Le cœur, mis à découvert, bat rapidement, et ses mouvements se continuent, en se ralentissant progressivement pendant vingt minutes.

Expérience III. — Découvert le cerveau d'un Homard par sa face inférieure. Son excitation mécanique produit les mêmes effets que dans l'expérience I. Les mouvements généraux disparaissent bientôt, par suite de l'affaiblissement, et l'animal rentre en repos.

On réussit à glisser une fine aiguille courbe sur la face supérieure du ganglion, et on obtient les mêmes mouvements généraux de douleur que sur la face inférieure, alors que celle-ci n'en éveille plus.

Ce fait n'a rien d'étonnant, et il faudrait se garder d'en conclure que la face supérieure est plus sensible que l'inférieure. On doit remarquer en effet que cette dernière, découverte depuis quelques instants, a pu perdre son excitabilité au contact de l'air, tandis que la supérieure, tenue à l'abri de cet élément par le liquide ambiant, l'a conservée à peu près normale.

Expérience IV. — Découvert le cerveau d'un petit Homard par sa face supérieure. L'animal, replacé un moment dans l'eau, à la suite de l'opération, ne présente rien de particulier. Il est fixé sur une planchette, et l'on répète sur lui les mêmes expériences que précédemment. Les résultats sont d'une netteté remarquable, et toujours dans le même sens que ceux obtenus en expérimentant sur la face inférieure du ganglion.

---

[1] Dans d'autres expériences qu'il est inutile de relater ici, nous avons obtenu les mêmes résultats avec l'alcool, la glycérine, l'ammoniaque, le bichlorure de mercure, l'acide picrique, l'acide chromique, etc.

On peut donc en conclure que les faces supérieure et inférieure du cerveau se comportent de la même manière vis-à-vis des excitants.

Sur le même animal, nous détruisons, par dilacération à l'aide d'une aiguille, le lobe droit. La dilacération est accompagnée d'un violent coup de queue et de mouvements des pattes droites. (Il faut noter que l'animal est affaibli par les essais précédents.)

Remis immédiatement dans l'eau, il donne un coup de queue qui l'envoie frapper contre la paroi de l'aquarium, puis il marche à reculons avec les pattes gauches ; les pattes droites exécutent bien des mouvements locomoteurs, mais ils sont désordonnés. De cette manière il parcourt une ligne courbe, jusqu'à ce que, rencontrant un angle de l'aquarium, il s'y arrête et y demeure tranquille pendant vingt minutes, sans exécuter de mouvements volontaires.

Après ce temps, il est retiré de l'eau. Le pincement des fausses pattes provoque des mouvements dans les pattes voisines des deux côtés.

L'œil et les antennes du côté droit sont insensibles et immobiles. L'œil gauche se retire lorsqu'on le touche ; si on pince l'antenne interne du même côté, l'externe se meut, et réciproquement, mais on peut les couper sans éveiller de mouvements généraux.

Deux heures après, l'animal ne donne plus aucun signe de vie. (L'expérience a duré une demi-heure.) Le cœur, découvert, donne encore quelques rares pulsations.

Expérience V. — Détruit complètement le cerveau sur un Palémon au moyen d'une aiguille chauffée au rouge, plongée par un petit orifice pratiqué sur la face supérieure de cet organe.

L'animal remis dans l'eau tombe au fond sur le dos sans faire le moindre mouvement. Nous l'y laissons environ cinq minutes, essayant, mais sans y réussir, de provoquer chez lui quelques mouvements en le taquinant avec une baguette de verre. Il est alors ressorti et l'on peut s'assurer que la chaîne ganglionnaire est très-excitable ; si l'on applique au-dessus, sans la découvrir, la pince électrique, la queue se contracte violemment et tous les membres frappent l'air. Mais il n'est plus possible d'y saisir le moindre mouvement volontaire, et l'animal abandonné demeure tout à fait immobile.

Expérience VI. — Répété la même expérience (destruction totale du cerveau) sur un Homard de taille moyenne. A l'instant où il est remis dans l'eau, il donne un coup de queue (action réflexe due au contact de l'eau) ; puis il tombe au fond de l'aquarium, où il demeure parfaitement immobile. On peut pincer ou exciter de toute autre manière les antennes ou les yeux, on n'obtient pas de mouvements. Au contraire, si on lui pince la queue en la prenant par la face supérieure, il agite violemment les fausses pattes et même les pattes d'une manière irrégulière.

Si on introduit entre les pinces une baguette de bois ou tout autre objet, il est serré, et même assez fortement pour qu'on puisse soulever de cette manière l'animal hors de l'eau ou pour qu'on ressente une douleur notable si on y glisse un doigt.

Les mouvements réflexes se manifestent encore, mais très affaiblis, une heure après l'opération.

Expérience VII. — On détruit le cerveau sur une Écrevisse en l'atteignant par la face supérieure. L'animal remis dans l'eau exécute un mouvement de culbute d'avant en arrière, la tête la première. Puis il demeure immobile au fond du verre. Il répond aux excitations mécaniques comme dans les cas précédents. Le mouvement de culbute que nous venons de mentionner s'est reproduit dans une autre de nos expériences pratiquée sur un Palémon. Nous aurons à citer plus loin de pareils mouvements chez les Crabes.

Expérience VIII. — Coupé sur un Homard, le connectif qui unit le cerveau au ganglion sous-œsophagien du côté gauche.

Le connectif est sensible, au moment de la fermeture des ciseaux il y a des mouvements généraux de douleur. L'animal remis dans l'eau tombe au fond du vase du côté gauche. Si on l'excite, il fait des efforts pour se relever ; mais il n'y a plus de coordination des mouvements, et il tombe du côté droit, puis sur le dos. On voit alors les pattes et les fausses pattes du côté droit battre régulièrement l'eau, mais sans résultat. Il y a bien aussi des mouvements dans les pattes du côté gauche; mais ces mouvements ne présentent aucune régularité, aucun ensemble.

Si on pince l'animal à la queue, il se montre des mouvements généraux dans tout le côté droit, tandis que du côté gauche ce ne sont que les pattes les plus voisines qui répondent.

Les grandes pinces agissent des deux côtés et se referment sur un objet introduit entre leurs deux branches. La contraction est plus forte du côté droit que du côté gauche.

Un morceau de viande placé au-devant de la bouche suscite des mouvements dans les pièces masticatrices des deux côtés, mais ces mouvements sont désordonnés, et l'animal ne réussit pas à saisir la viande.

Les antennes du côté gauche se retirent lorsqu'on les pince, aussi bien que celles du côté droit. Il en est de même pour les yeux. La sensibilité des appendices céphaliques est parfaitement intacte, et ils produisent des mouvements volontaires.

Expérience IX.—Coupé sur un Homard et une Écrevisse le connectif de l'anneau œsophagien du côté droit. On obtient les mêmes résultats que dans l'expérience précédente, seulement en sens inverse, c'est-à-dire que les altérations et la perte du mouvement volontaire se font sentir du côté lésé.

Expérience X. — On met à nu le cerveau par la face inférieure sur une Écrevisse, puis on le traverse verticalement de la face inférieure vers la supérieure avec une aiguille chauffée au rouge, à la racine du nerf optique gauche. L'œil correspondant a perdu sa sensibilité, en ce sens qu'on peut le couper sans que l'animal manifeste de la douleur et sans qu'il retire le tronçon. L'antenne interne est dans le même état, mais l'externe a conservé sa sensibilité.

On peut parvenir avec une fine aiguille employée à froid à limiter l'anesthésie et la paralysie à un seul œil, tout en conservant intactes les deux antennes correspondantes. Cette expérience est intéressante en ce qu'elle montre bien comment les centres moteurs et sensitifs des différents appendices céphaliques sont bien localisés dans le cerveau.

Expérience XI.—Mis à nu le cerveau d'une Écrevisse par sa face inférieure. On plonge l'aiguille verticalement dans les mamelons latéraux sur leur face antérieure. Les résultats ne sont pas toujours comparables par le fait qu'il est difficile de toucher dans tous les cas exactement le même point. En général, on obtient des altérations dans la sensibilité et le mouvement dans les antennes interne et externe et dans l'œil du côté correspondant. Quelquefois le mouvement est paralysé dans l'un ou l'autre de ces organes, alors que la sensibilité est conservée. Nous n'avons pas, à cet égard, de résultats bien tranchés. Toutefois nous croyons pouvoir appeler l'attention sur les altérations des mouvements de l'œil, alors même qu'on a pris des précautions pour ne pas détruire les mamelons antérieurs du cerveau, car ils peuvent s'expliquer par le fait anatomique que nous avons signalé que des fibres partant de la masse médullaire constituant les mamelons latéraux se rendent dans le lobe optique.

Expérience XII. — Après avoir mis à nu le cerveau de l'Écrevisse par sa face inférieure, nous le fendons transversalement de gauche à droite, à peu près à égale distance de ses bords antérieur et postérieur. Les mouvements de douleur sont lents à se calmer.

Voici les résultats bruts que nous trouvons dans notre cahier de notes :

Conservation de la sensibilité et du mouvement dans les deux yeux, perte de la sensibilité dans les antennes externes. Les antennes internes ont été détruites dans l'opération.

Dans la partie postérieure du corps, aucun mouvement volontaire n'est manifesté, mais tous les mouvements réflexes auxquels nous sommes habitués.

Les résultats sont un peu différents dans d'autres expériences. Parfois les antennes externes avaient conservé leur sensibilité, ou bien on pouvait constater des mouvements dans les membres, etc.

Ces différences sont dues assurément à la difficulté que l'on rencontre, vu la petitesse de l'organe, à diriger toujours le scalpel exactement dans la même direction et à la même hauteur. Elles montrent en général cependant que l'intégrité du cerveau est nécessaire pour l'élaboration des actes volontaires.

Dans aucun cas nous n'avons vu se produire ces derniers mouvements chez des animaux dont le cerveau avait été détruit ou profondément altéré.

Nous avons encore tenté quelques expériences sur le centre des perceptions auditives. Nous produisions à cet effet des sons auprès de l'animal après avoir détruit certaines régions du cerveau, mais nous n'avons pas obtenu de résultats assez nets et significatifs pour être rapportés ici.

B. *Brachyures.* — Il était intéressant de vérifier chez les Brachyures les faits dont nous venions d'être témoin chez les Macroures. Nous y avons procédé dans une large mesure à Roscoff, où l'abondance des Crabes est extrême. Nous avons procédé surtout sur trois espèces, *Cancer menas*, *Cancer paragus* et *Portunus puber*.

Ce dernier Crabe est celui qui se prête le mieux à ces expériences, soit à cause de l'agilité de ses mouvements et de son extrême irritabilité, de la facilité avec laquelle il supporte les plus graves mutilations, soit enfin à cause de la mollesse relative de sa carapace, qui se laisse aisément entamer. Aussi avons-nous répété sur lui presque toutes nos expériences et est-ce lui que nous proposons aux physiologistes pour répéter de pareilles recherches et pour en donner la démonstration dans un cours.

Pour découvrir le cerveau, on glisse les pointes d'une paire de ciseaux sur les faces latérales de la petite saillie qui termine en avant le rostre de la carapace et qui borde les points d'insertion des antennes internes. Il faut avoir soin de ne pas léser ces dernières. La carapace ainsi détachée de ses adhérences inférieures, on glisse la lame d'un scalpel ou de fins ciseaux sur le bord supérieur des articles basilaires des antennes internes et l'on pénètre de cette façon sur la face supérieure de la carapace, que l'on sectionne de manière à pratiquer une petite fenêtre au-dessus du cerveau.

Il y a une grande perte de sang, l'animal est affaibli, il faut le laisser reposer. Le lendemain, on le trouve plus alerte, il paraît remis de l'opération, il mange de la viande. On peut le conserver ainsi pendant plusieurs jours. Nous avons eu pendant dix jours dans nos vases à Roscoff un Portune opéré de cette manière; il s'était complètement rétabli, et quoique portant une fenêtre de 6 millimètres de côté dans la portion antérieure de la carapace, il se comportait comme un Crabe normal.

Fixer un Crabe sur une planchette au moyen d'une ficelle est une opération peu commode; l'épingler par ses pattes est inutile, attendu qu'il laisse tomber ces dernières, si ce n'est immédiatement, au moins pendant l'expérience (le Tourteau est surtout remarquable pour la facilité avec laquelle il se débarrasse de ses membres). Nous nous sommes contenté pendant l'opération d'envelopper l'animal tout entier dans un linge, dont on lui avait fait pincer quelques plis, puis d'opérer avec la main droite, pendant que de la gauche on tient tous les membres appliqués contre le corps. De cette manière on l'immobilise complètement.

Un instant avant l'expérience sur un Crabe préparé comme nous l'avons dit, il s'agit encore de rendre visible le cerveau en enlevant les membranes qui le recouvrent. De la délicatesse est absolument nécessaire dans cette opération.

Nous n'avons opéré que par la face supérieure du cerveau, mais nous nous sommes assuré avec l'aiguille courbe que la face inférieure était également sensible.

Expérience XIII. — Sur un Cancer paragus de taille moyenne préparé depuis la veille, on détruit le cerveau en promenant dans sa région une aiguille en différents sens.

Signes de douleur, mouvements généraux. Immédiatement après l'opération les antennes et les yeux sont complètement insensibles. Les pattes exécutent des mouvements désordonnés qui durent long-temps. L'abdomen, ordinairement ramené sous le thorax, est étendu, et les fausses pattes exécutent également quelques mouvements.

L'animal est remis dans l'eau, il incline en avant et, se poussant vivement avec les pattes postérieures, il exécute une culbute complète et repose sur le dos.

Redressé dans sa position normale, il culbute de nouveau, et cela plusieurs fois de suite.

On doit attribuer ce défaut d'équilibre à la prédominance des mouvements des pattes postérieures et à la perte de la sensibilité dans les appendices antérieurs.

Le lendemain, vingt-quatre heures après l'opération, l'animal paraît mort au fond du bocal ; cependant les pattes-mâchoires répondent encore lorsqu'on les pince.

Fait singulier : l'œil et l'antenne externe du côté gauche, qui la veille paraissaient complètement insensibles, ont recouvré leur sensibilité et leur mouvement, car l'animal peut sortir l'œil de sa fossette après qu'on l'y a fait rentrer en le pinçant.

Les mêmes organes du côté droit sont toujours complètement paralysés.

La sensibilité provient bien évidemment d'une destruction incomplète du cerveau dans la région gauche, et, en effet, si on promène de nouveau l'aiguille dans cette région, on abolit complètement ce restant de sensibilité et de mouvement.

A ce moment, l'animal saisit encore le doigt introduit entre ses pinces, mais d'une manière très faible et insuffisante pour s'y soutenir hors de l'eau.

Un morceau de viande appliqué contre les pièces masticatrices y provoque de légers mouvements réflexes.

Deux jours après l'opération, l'animal est tout à fait mort, le cœur ne bat plus, et on n'y réveille pas de mouvements par une excitation mécanique.

Expérience XIV. — Coupé sur un Cancer menas, préparé quelques heures auparavant, le connectif de l'anneau œsophagien du côté droit. L'animal est très sensible, et, au moment de la fermeture des ciseaux, il y a des mouvements de douleur.

Immédiatement remis dans l'eau, on note sur l'animal les altérations suivantes :

Inclinaison de tout le corps du côté droit.

Mouvements désordonnés des membres de ce côté et prédominance des mouvements du côté opposé, ce qui fait décrire à l'animal un mouvement circulaire de droite à gauche. Ce mouvement de rotation est plus sensible lorsqu'on sort l'animal de l'eau et qu'on le fait marcher sur la table.

L'abdomen demeure replié sous le thorax dans sa position normale.

L'œil et les antennes du côté droit sont tendus en avant, l'antenne interne complètement raidie, mais ces organes ont conservé leur mobilité et leur sensibilité. Ils se retirent lorsqu'on les pince.

Les mêmes organes du côté gauche ne présentent rien de particulier, l'antenne interne frappe l'eau comme à l'ordinaire.

L'animal paraît rétabli une heure après l'opération, mais il incline toujours du côté droit.

C'est alors que l'on coupe l'autre connectif du côté gauche, près de son point de départ du cerveau.

L'animal relâché immédiatement exécute cinq ou six culbutes en tournant cette fois tête arrière, à retour de l'axe transversal du corps, puis il demeure immobile sur le dos.

Lorsqu'on l'excite, il répond par action réflexe. Les appendices antérieurs sur la tête paraissent avoir conservé le mouvement volontaire ; mais ces mouvements sont de courte durée, et deux heures après le Crabe paraît mort, le cœur ne bat plus.

Expérience XV.—Sur un Portune préparé de la veille et aujourd'hui très alerte on détruit complètement le cerveau en le pinçant entre des pinces dentelées. Mouvements désordonnés des membres, culbutes en avant provenant de la prédominance des mouvements des pattes postérieures ; pendant la culbute le Crabe tient ses pinces ramenées sous le thorax et n'essaye pas d'y trouver un point d'appui.

Paralysie et anesthésie complètes des différents appendices céphaliques (yeux, antennes internes et externes). On peut écraser l'œil entre de fortes pinces sans que l'animal témoigne de la moindre douleur.

Renversé sur le dos, les pattes, et principalement les pattes mâchoires, s'agitent d'une manière automatique. On peut même noter quelques tremblements des pattes, surtout des pattes postérieures,

Les poils qui recouvrent ces dernières, et qui sont très développés chez le Portune, sont encore sensibles, car lorsqu'on les pince ou simplement qu'on les frôle avec un corps dur, l'animal retire la patte.

Les membres semblent pouvoir encore exécuter des mouvements dans un but déterminé ; c'est ainsi que lorsqu'on pique l'animal sur le sternum ou qu'on pince la pointe de l'abdomen, il sait très bien amener ses pattes sur le point lésé afin d'en éloigner l'objet; ces mouvements sont des réflexes analogues à ceux qu'exécute la grenouille privée de cerveau, lorsqu'on dépose sur son dos une goutte d'acide, etc. C'est un cas de sensibilité inconsciente.

Tous les mouvements en apparence volontaires sont en réalité des réflexes. C'est ainsi qu'il semble au premier abord, lorsque l'animal est couché sur le dos, qu'il fait des efforts pour se relever, parce qu'on voit ses membres s'agiter. Si on analyse ces mouvements, on aperçoit bientôt que chaque membre travaille pour son compte, sans coordination suivie avec les mouvements des membres voisins, et en effet un Crabe privé de cerveau ne réussit pas à se redresser sur ses pattes.

Le lendemain matin l'animal est toujours couché sur le dos, ses membres sont crispés sous l'abdomen, le premier article formant un angle aigu sur le second et celui-ci un même angle avec le troisième. Il y a encore quelques mouvements réflexes, mais très faibles. Le cœur bat lentement.

Expérience XVI. — Piqué le cerveau d'un Portune du côté droit avec une aiguille à cataracte dirigée verticalement. Mouvements généraux de douleur. Peu après les pattes de ce même côté se raidissent et demeurent dans cet état, dirigées en bas. Leurs mouvements se réveillent de temps en temps, mais sont très irréguliers. Placé sur une table, l'animal exécute des mouvements de manège de droite à gauche; les pattes gauches, dont les mouvements sont normaux, attirent, les pattes droites ne font que pousser ou bien se laissent traîner. L'animal est fortement incliné du côté droit.

Les antennes et l'œil droit sont paralysés et anesthésiés.

Un objet placé entre les pinces du côté droit est saisi, l'animal y demeure accroché hors de l'eau pendant une minute ou deux, mais moins longtemps qu'avec la pince gauche.

Couché sur le dos, l'animal fait des efforts pour se redresser et parfois y réussit. Il commence alors à décrire le mouvement de manège.

Nous avons eu l'occasion de répéter ces expériences sur un gros Maia squinado et avons obtenu des résultats identiques.

Expérience XVII.—Découvert le cerveau d'un Maia squinado par la face supériéure. Lorsqu'on approche une aiguille chauffée au rouge, mouvements de douleur. Idem, avec l'aiguille appliquée à froid sans pénétrer dans la substance nerveuse.

Si on laisse tomber à la surface du cerveau une goutte d'acide sulfurique ordinaire, les effets sont réellement effrayants. Ce sont des soubresauts dans tout le corps, des tremblements dans les yeux, les antennes. L'animal abandonné sur la table se met à courir rapidement, mais tombe au bout d'une demi-minute complètement immobilisé. On a assisté dans ce cas à la destruction progressive de la substance de l'organe. On peut encore pendant environ une heure obtenir des réflexes analogues à ceux mentionnés dans les expériences précédentes, en excitant les membres.

C'est ainsi que ces derniers se meuvent tous lorsqu'après avoir déplié l'abdomen on excite mécaniquement les environs de l'anus.

Il nous faut rendre compte maintenant de quelques observations relatives au temps pendant lequel peuvent durer les mouvements réflexes dans les membres, après l'ablation totale du cerveau. En général, on peut dire que ce temps varie énormément d'un individu à l'autre. Chez certaines Écrevisses, nous avons obtenu des mouvements réflexes dans la queue plus de vingt-quatre heures après l'opération. Chez des Portunes, ils persistent plus longtemps et se prolongent pendant deux ou trois jours. Les animaux se conservent mieux à ce point de vue hors de l'eau que dans ce liquide.

Lemoine cite l'observation d'une Écrevisse, chez laquelle il avait complètement découvert les organes contenus dans la cavité céphalo-thoracique. Toute manifestation vitale semblait avoir disparu dans l'après-midi. Toutefois, le lendemain des mouvements spontanés réapparurent dans la portion postérieure du corps, alors que toute la portion céphalique et l'estomac étaient desséchés, que les antennes se brisaient, etc. Ces mouvements disparurent progressivement de la partie antérieure vers la partie postérieure, et l'observateur put suivre leur disparition d'un ganglion vers le ganglion suivant. Il remarque, en outre, que l'excitation par la pince électrique persiste encore, alors que tout mouvement produit par d'autres moyens a disparu depuis assez longtemps.

Nous avons pu vérifier cette observation sur des Écrevisses, des

Homards, des Crevettes, etc. Il faut remarquer qu'alors même qu'on a détruit le cerveau, c'est également sur les fausses pattes du dernier segment que les mouvements réflexes se manifestent le plus longtemps.

Nous pouvons conclure des observations dont nous venons de rendre compte, et dont les résultats concordent chez les Macroures et les Brachyures, que :

1° Le cerveau des Crustacés, contrairement à ce qui a lieu chez les animaux vertébrés, est sensible sur tout son pourtour, aussi bien à la face supérieure qu'à la face inférieure et sur les côtés. Son excitation provoque des mouvements généraux de douleur.

2° Il joue le rôle de centre moteur et sensitif pour les appendices céphaliques, les yeux et les antennes. Sa destruction entraîne la paralysie et l'anesthésie dans ces organes.

3° Chaque appendice semble y posséder son centre moteur et sensitif propre. Ces centres y sont disposés de chaque côté de la ligne médiane d'une manière symétrique, et agissent directement sur les appendices correspondants, de telle manière qu'on peut paralyser et anesthésier le côté droit en conservant intact le côté gauche, et réciproquement.

4° Aucun fait ne permet de supposer un entrecroisement de fibres dans le cerveau.

5° Le cerveau est la source des mouvements volontaires. Les mouvements en apparence spontanés, que l'on perçoit dans différentes régions du corps, après son ablation, et qui durent quelquefois assez longtemps, peuvent s'expliquer par des excitations venues du dehors.

6° L'ablation totale de cet organe détermine des mouvements de culbute en avant provenant du défaut d'équilibre qui résulte de l'insensibilité des appendices céphaliques et la prédominance très marquée des mouvements des pattes postérieures.

7° L'ablation ou la destruction par dilacération de l'un des lobes du cerveau influe sur l'ensemble des mouvements et la direction du corps. Celui-ci s'incline du côté lésé et l'animal se met à tourner en sens inverse, c'est à-dire du côté non altéré[1]. Ces mouvements de manège peuvent s'expliquer par les altérations survenues dans les mouvements des pattes.

---

[1] Quelquefois, comme M. Faivre l'a vu chez le Dytisque, le mouvement est inverse, sans qu'on puisse dire en vertu de quel motif.

8° On obtient à peu près le même résultat si l'on coupe l'un des connectifs qui constituent l'anneau œsophagien. La différence réside dans le fait que le mouvement et la sensibilité dans ce dernier cas demeurent intacts dans les appendices céphaliques, ce qui n'a jamais lieu à la suite de la destruction des lobes.

9° Le cerveau est le centre coordinateur des mouvements. Après sa destruction, les mouvements des membres ne sont pour ainsi dire qu'accidentellement coordonnés.

Ces résultats s'accordent, en général, avec ceux obtenus par M. Yersin sur le cerveau des Orthoptères, et par M. Faivre sur le cerveau des Coléoptères. Cependant, il y a entre eux quelques différences que nous croyons devoir faire ressortir.

Ainsi, pour ce qui concerne la sensibilité, M. Faivre[1] a fait voir que chez le Dytisque le ganglion sus-œsophagien est insensible. Voici ce que dit cet auteur à ce propos :

« Le ganglion sus-œsophagien ne paraît sensible ni à sa face supérieure, ni à sa face inférieure ; on peut le pincer, le dilacérer partiellement sur ces deux faces sans que l'insecte donne des signes manifestes de douleur.

« Si l'on traverse la substance du ganglion dans la région voisine de l'origine d'un des nerfs antennaires, on obtient des mouvements convulsifs dans l'antenne correspondante.

« Ainsi, le ganglion sus-œsophagien se distingue des autres centres par son insensibilité. *Sous ce rapport, il offre une singulière ressemblance avec les propriétés du cerveau proprement dit chez les animaux supérieurs.* »

Chez les Crustacés, il n'existe rien de semblable, et c'est là une différence notable au point de vue des propriétés physiologiques entre le cerveau chez ces deux classes d'Arthropodes.

Une seconde différence réside dans l'ensemble des fonctions des ganglions sus et sous-œsophagien.

M. Yersin, en opérant sur un Orthoptère, le Grillon, avait constaté des troubles dans les mouvements de l'animal après l'ablation du ganglion sus-œsophagien. Le grillon ainsi mutilé ne possède plus le même équilibre dans ses mouvements de marche, par exemple.

M. Faivre reprend et étend beaucoup ces expériences chez le Dytisque et il montre que chez cet animal :

[1] Faivre, *Annales des sciences nat.*, 5ᵉ série, t. I, p. 97.

« La locomotion et la natation sont très affaiblies après l'ablation du cerveau.

« La natation est toujours beaucoup plus facile que la marche dans ler premiers instants.

« Si les sections sont faites d'une manière égale, l'animal se dirige toujours en avant; cependant, au lieu de marcher en avant, il arrive parfois que l'insecte privé de ses deux lobes recule, mais il cesse toujours de se diriger. »

Bürmeister, cité par M. Vulpian, avait autrefois constaté sur le même Coléoptère, privé de cerveau, l'abolition de tout mouvement lorsqu'il est dans son attitude normale hors de l'eau, tandis qu'il agitait ses pattes lorsqu'on le tournait sur le dos, et qu'il se mettait à nager lorsqu'on le plongeait dans l'eau.

De pareils mouvements, selon nous, sont des actes réflexes, et ils ne diffèrent de ceux que nous avons constatés chez les Crustacés privés de cerveau que parce qu'ils se sont montrés plus prolongés et plus constamment coordonnés. Ce dernier point est important.

Nous avons vu que chez les Crabes, les Homards, etc., il n'y a jamais plus coordination des mouvements des membres après l'ablation totale du cerveau; que ces mouvements n'ont en général rien de régulier, si ce n'est, dans les premiers moments qui suivent l'opération, ceux qui conduisent l'animal à culbuter selon l'axe horizontal de gauche à droite.

Selon M. Faivre, ce serait au ganglion sous-œsophagien que reviendrait ce pouvoir coordinateur des mouvements chez l'Insecte, en même temps que, contrairement au ganglion sus-œsophagien, il jouirait d'une extrême sensibilité.

« Au moment où l'on enlève le ganglion sous-œsophagien, dit-il, les Insectes donnent la marque de la douleur la plus vive, ils agitent leurs pattes et cherchent à se dérober à la main.

« Dès que l'opération est terminée, si on les met sur le sol, on constate qu'ils sont dans l'impossibilité de marcher. Cette impossibilité de progression ne tient pas à la paralysie du mouvement de l'une ou de l'autre patte, car chaque membre se meut spontanément et se retire si on le pince. Elle tient à ce que la puissance qui excite la locomotion et coordonne tous les membres pour cette fin est abolie.

« Quand nous disons que l'insecte ne marche pas, nous ne voulons pas dire qu'il soit sans mouvement. Loin de là, les mouvements spontanés se manifestent partout et les pattes natatoires et ambulatoires se meuvent et s'efforcent, si on peut le dire, de contribuer à la marche; mais tous ces efforts sont vains parce qu'ils ne sont pas coordonnés en vue d'un acte unique. L'animal s'agite, mais il ne se déplace pas. Il se meut, mais il ne marche pas. Si parfois les Insectes auxquels on a ôté le cerveau inférieur se déplacent de quelque centimètres, c'est par un mouvement de recul que nous avons fréquemment observé. Les deux paires de pattes antérieures se raidissent, élèvent l'insecte en haut et en arrière, et le font un peu reculer. »

Cette description se rapproche beaucoup de celle que nous avons donnée des effets produits par l'ablation du cerveau chez les Crustacés.

Il est vrai qu'on les obtient déjà chez ces animaux après la destruction du ganglion sous-œsophagien, non pas comme conséquence de l'altération de ce ganglion lui-même, mais parce qu'on a rompu, dans cette opération, les relations qui unissent la partie postérieure de la chaîne ganglionnaire au cerveau.

Il ressort donc de cette comparaison que l'activité du cerveau chez les Insectes et les Crustacés diffère en ce que, chez les derniers, le cerveau serait à la fois centre de volition et de coordination, tandis que chez les premiers la coordination des mouvements serait échue au ganglion sous-œsophagien.

INFLUENCE DU SYSTÈME NERVEUX CENTRAL SUR LE CŒUR. — Malgré quelques travaux intéressants, tels que ceux de Lemoine[1] et de Dogiel[2], la physiologie de l'innervation du cœur chez les Crustacés est encore assez obscure.

Nous n'avons pas continué de recherches spéciales sur ce sujet depuis notre retour de Roscoff, ayant appris qu'un maître en physiologie des Invertébrés, M. Félix Plateau, avait entrepris un travail de longue haleine sur ce sujet. Nous rendrons compte seulement ici des quelques observations que nous avons recueillies à Roscoff touchant l'influence de la chaîne ganglionnaire sur le cœur.

Le cœur des Crustacés est situé sur la face dorsale de la cavité céphalo-thoracique, dans sa partie postérieure. Il consiste en un muscle enveloppé d'une double couche de tissu conjonctif qui lui

---

[1] LEMOINE, *loc. cit.*

[2] DOGIEL, *Structure et fonctions du cœur des Crustacés.*, in *Arch. de physiologie* de Brown-Sequard, 1877.

constitue un endocarde et un péricarde. Il ne comprend qu'une seule cavité. Pour le mettre à nu, il suffit de détacher un fragment de la carapace au niveau qu'il occupe et d'enlever les téguments qui le recouvrent. On pourra dès lors facilement l'observer.

Le cœur reçoit un nerf du ganglion stomato-gastrique, découvert par Lemoine en 1868. Ce nerf, auquel cet auteur donne le nom de *nerf cardiaque*, est impair. Il prend naissance à l'extrémité postérieure du ganglion stomato-gastrique, d'où il émerge par cinq ou six faisceaux qui n'en constituent bientôt qu'un seul et présentent à ce niveau un léger renflement fusiforme. Le nerf qui en résulte est simple sur une certaine partie de son trajet, court le long de l'artère ophthalmique, à laquelle il est si étroitement accolé que sa dissection présente les plus grandes difficultés. Il s'y ramifie à deux reprises et, selon Lemoine, le tronc principal aboutit au cœur.

« Arrivé à l'angle antérieur du cœur, le nerf cardiaque nous a paru s'élargir, puis émettre une branche, enfin se bifurquer.

« Une de ces branches de bifurcation, suivie plus loin, finirait par se terminer en éventail ; ses filaments constitutifs se répandaient en divers sens et s'entremêlaient aux fibres musculaires du cœur. »

Dogiel, en 1876, décrit une autre origine pour des nerfs du cœur et la place chez la Langouste dans le ganglion thoracique situé entre la deuxième et la troisième paire de pattes : « De ce point, dit-il, il part des fibres nerveuses qui se dirigent en haut et en dehors, puis viennent se diviser en partie dans les muscles voisins du péricarde et s'unissent ensuite avec les muscles de celui-ci. Partout où les fibres nerveuses se divisent, il se forme des renflements triangulaires très visibles. »

Le cœur reçoit donc des nerfs de deux origines, qui, toutes deux, peuvent avoir une action directe sur lui.

Lemoine a vu que l'irritation du nerf cardiaque provoque des mouvements dans le cœur éteint : « Lorsque les battements du cœur paraissaient avoir cessé ou bien être devenus très faibles et très rares, il nous est arrivé plusieurs fois, d'une façon très nette, de les reproduire ou de les multiplier en électrisant soit la face inférieure de l'artère ophthalmique, soit le ganglion stomato-gastrique, soit enfin les origines pédonculaires de cette portion du système nerveux de la vie organique. »

Les deux expériences suivantes viennent confirmer cette assertion, quoiqu'elles n'aient pas porté sur le nerf cardiaque proprement dit :

Expérience 1. — Un Homard bien vif est préparé de telle manière que le cœur d'un côté, et les connectifs de l'anneau œsophagien de l'autre, soient mis à découvert et qu'on puisse les atteindre. Immédiatement après l'opération, le cœur bat seulement 5 pulsations dans la minute, le Homard est considérablement affaibli. Le nombre des pulsations remonte à 40 au bout d'une minute. Si à ce moment on pose la pince électrique sur l'un ou l'autre des connectifs de l'anneau dans le voisinage des mamelons d'origine des nerfs de la vie organique, les pulsations montent subitement à 66, pour redescendre à 18 deux minutes après qu'on a éloigné la pince.

Quarante-cinq minutes après, le cœur est complètement arrêté. Si l'on excite mécaniquement les mamelons sur l'anneau œsophagien, il ne se passe rien de particulier, tandis qu'on ramène quelques contractions lorsqu'on y applique la pince électrique. Cette action n'a pas lieu par une dérivation du courant dans les ganglions sus et sous-œsophagien, car elle se continue de même une fois qu'on a coupé les deux connectifs dans le voisinage de ces ganglions. Nous verrons du reste plus loin que le cerveau n'a pas d'action directe sur le cœur, et que les ganglions thoraciques ont un pouvoir modérateur et non excitateur sur cet organe, en sorte que l'excitation ne peut provenir que d'une dérivation du courant depuis les mamelons de l'anneau œsophagien sur le ganglion stomato-gastrique de Brandt, auquel ils sont reliés, comme l'a fait voir Lemoine, et d'où il agit alors directement à travers le nerf cardiaque.

Expérience II. — Un gros Crabe, *Cancer paragus*, est préparé comme le Homard précédent. Le cœur, très lent et faible à la suite de l'opération, remonte peu après à 22 pulsations par minute. L'application de la pince électrique sur l'anneau œsophagien porte ce nombre à 40 pulsations; mais lorsqu'on l'éloigne, les pulsations redescendent à 16 ou 18 très irrégulières. Sur le même animal, on électrise le cerveau sans obtenir aucune action spéciale sur le cœur. Les mouvements de ce dernier sont tout à fait éteints après un quart d'heure (l'animal a été gravement mutilé par l'opération); cependant ils se réveillent si on applique la pince sur l'estomac, et cela à un moment où elle n'a plus d'action, appliquée sur l'anneau œsophagien. Le cœur séparé du corps ne bat plus, l'excitation électrique le fait contracter à la manière d'un muscle ordinaire, mais n'y réveille pas de contractions rhythmiques.

Nous n'avons pas agi directement sur le nerf cardiaque; mais si nous nous reportons au passage cité plus haut, de Lemoine, il nous paraît difficile de ne pas admettre que c'est à son action que sont dus les résultats obtenus, cela d'autant plus que les faits cités par Lemoine ont été confirmés dernièrement par M. Plateau. Nous trouvons, en effet, dans la notice provisoire publiée par cet auteur sur cette question, que « l'excitation mécanique ou chimique du nerf cardiaque, même loin du cœur, augmente la rapidité des pulsations et souvent leur amplitude, qui peut devenir double, la courbe tracée par le cœur devenant deux fois plus haute ».

Nous avons dit plus haut que le cerveau ne paraissait pas avoir d'action particulière sur les mouvements du cœur. Ce fait résulte de huit observations portant sur différents Crustacés, et qui toutes ont donné des résultats dans le même sens. Nous en extrayons une de nos notes.

Expérience III. — Un Homard de petite taille est fixé sur la planchette. On enlève avec précaution la portion de la carapace qui recouvre le cœur. Ce dernier donne 38 pulsations. Puis on procède à la mise à découvert du cerveau. Cette opération dure environ cinq minutes, au bout desquelles le cœur ne donne plus que 18 pulsations.

On applique la pince électrique sur le cerveau : bobine ouverte, 18 pulsations ; bobine demi-fermée, 17 pulsations ; bobine fermée, 18 pulsations.

L'excitation électrique du ganglion cérébroïde ne retentit pas jusque sur le cœur. Du reste, si l'on coupe les connectifs de l'anneau œsophagien en arrière du cerveau, on n'obtient pas de variations régulières dans les mouvements du cœur...

Quant aux ganglions thoraciques, ils ont évidemment une action modératrice sur les mouvements du cœur. Leur excitation électrique a pour premier effet de ralentir considérablement ses mouvements. En voici quelques exemples :

Expérience IV. — Mis à découvert les ganglions thoraciques et le cœur sur un Homard. Cœur lent après l'opération. Ses mouvements se relèvent peu après jusqu'à 36 pulsations, et se maintiennent à ce chiffre pendant quelques minutes. On applique alors la pince de manière à ce que l'une des branches repose sur le second ganglion thoracique et l'autre branche sur le connectif interganglionnaire (bobine demi-fermée). Le nombre des pulsations tombe à 16. En même temps, leur intensité semble affaiblie. Ce nombre augmente jusqu'à 20 lorsqu'on éloigne la pince, mais il ne s'y maintient pas longtemps, et le cœur s'affaiblit alors rapidement. Une fois qu'il ne donne plus que quelques rares pulsations, on applique la pince sur l'estomac en avant du cœur ; il est pris alors de soubresauts, et donne plusieurs pulsations très rapides, mais si irrégulières qu'il n'est pas possible de les compter.

Du reste, elles ne durent pas plus d'une minute, et le cœur s'arrête en systole.

Expérience V. — Sur un Homard préparé comme dans l'expérience précédente, le cœur se fixe à 42 pulsations, après l'opération. On détruit avec une forte aiguille toute la masse des ganglions thoraciques. L'animal est pris de convulsions, à la fin desquelles le cœur marque encore 38 pulsations. La destruction des ganglions ne semble donc pas l'avoir beaucoup influencé, tandis que leur excitation les ralentit, comme l'indique nettement l'expérience précédente.

Expérience VI. — Faite sur un Portunus puber. Le cœur donne 58 pulsations après la préparation de l'animal. L'excitation électrique des ganglions thoraciques fait tomber ce nombre à 24, et il ne se relève pas lorsqu'on éloigne la pince. Au contraire, il remonte à 46 lorsqu'on applique cette dernière sur l'estomac (bobine fermée), pour s'arrêter subitement en systole lorsqu'on augmente la force du courant en rapprochant complètement la bobine induite de la bobine inductrice.

Ces expériences physiologiques confirment par conséquent les relations anatomiques indiquées par Dogiel, que nous avons rappelées plus haut. Du reste, cet auteur a trouvé qu'on peut provoquer l'arrêt du cœur en diastole en irritant directement la chaîne ganglionnaire par l'électricité, ce que nous n'avons pas réalisé dans nos expériences. Tout ce que nous avons obtenu se résume dans un ralentissement quelquefois très accentué.

Il y aurait par conséquent un antagonisme accusé entre le nerf cardiaque prenant son origine dans le ganglion stomato-gastrique et ceux originaires de la portion thoracique de la chaîne nerveuse. M. Plateau cite à ce propos l'expérience suivante : « Chez une Ecrevisse, un premier tracé du cœur, à l'état normal, accuse 61 pulsations régulières par minute. On excite mécaniquement la chaîne nerveuse thoracique, en y enfonçant une aiguille entre la deuxième et la troisième paire de pattes ; le nombre des pulsations tombe à 36, et elles sont beaucoup plus amples. A ce moment, on excite le nerf cardiaque par quelques gouttes d'une solution concentrée de sel marin ; le nombre des pulsations remonte à 61, et elles affectent de nouveau à très peu près la forme normale.»

Outre ces deux sources d'action nerveuse, le cœur en possède une troisième qui réside dans ses propres parois. En effet, Emile Berger [1], en s'aidant de l'acide osmique et du chlorure d'or, a réussi à mettre en évidence des cellules nerveuses dans les parois de la région postérieure du cœur de l'Ecrevisse. Ces cellules correspondent pour la taille aux cellules ganglionnaires de moyenne grandeur. Elles paraissent être du reste peu nombreuses, et sont interposées entre les fibres musculaires. La présence de ces cellules dans les parois du cœur explique comment il se fait que cet organe puisse battre quelque temps alors qu'il est séparé du corps. Leur situation permet de se rendre compte pourquoi, lorsqu'on divise le cœur en deux régions, en le coupant transversalement, la région postérieure continue seule à battre, et pourquoi, comme l'a fait voir M. Plateau, c'est de cette même région que l'onde cardiaque prend son origine.

RÉSUMÉ. — Nous pouvons résumer de la manière suivante les résultats de nos expériences.

1. Les propriétés générales du tissu nerveux chez les Crustacés sont analogues à celles du même tissu chez les Vertébrés.

2. La chaîne ganglionnaire et les nerfs chez ces animaux répondent aux excitations mécaniques, physiques et chimiques.

3. Les principaux poisons agissent sur eux dans le même sens que chez les Vertébrés.

4. Le curare produit, dans tous les cas, une gêne dans les mouvements du corps et des membres, gêne qui peut aller à la paralysie complète si la dose de poison est très forte. Son action est toujours très lente.

5. La strychnine, au contraire, agit avec une extrême violence, provoquant un très fort tétanos, qui, par le fait de son intensité même, est toujours très passager. L'épuisement musculaire est plus prompt que chez les Vertébrés.

6. Quelle que soit la dose à laquelle nous ayons employé le sulfate d'atropine, nous n'avons jamais obtenu la mort de l'animal. Celui-ci (Crabe, Homard, etc.) élimine le poison après une période

<hr>

[1] E. BERGER, *Uber das Vorkommen von Ganglienzellen im Herzen vom Flüsskrebs* in *Sitz. der K. Akad. der Wissensch.*, oct., Heft, Jahrg. 1876.

d'abattement plus ou moins longue, précédée quelquefois de tremblements très nets dans les membres.

7. La digitaline agit d'une façon spéciale sur les mouvements du cœur ; elle les ralentit notablement ; ce ralentissement est, en général, précédé d'une accélération de courte durée.

8. L'action de la nicotine est caractérisée par son extrême rapidité, la rigidité musculaire et la paralysie. Ce poison exerce, en outre, une accélération prononcée sur les mouvements du cœur.

9. Les masses ganglionnaires et les connectifs qui les unissent sont manifestement sensibles sur toute la longueur de la chaîne abdominale.

10. La sensibilité est la même sur les faces supérieure, inférieure et latérales.

11. Les racines des nerfs irradiant de la chaîne ventrale sont à la fois motrices et sensitives.

12. Chaque ganglion est un centre de sensibilité et de mouvement pour le segment du corps auquel il appartient ; mais la sensibilité est inconsciente et les mouvements réflexes, lorsque le ganglion est séparé de ceux qui le précèdent.

13. L'excitant physiologique auquel on donne le nom de *volonté*, a son siège en dehors de la portion abdominale de la chaîne nerveuse.

14. L'opinion classique que la face inférieure de la chaîne est sensitive, tandis que sa face supérieure serait motrice, est infirmée par nos expériences.

15. Les ganglions thoraciques se comportent comme les ganglions abdominaux pour les membres de leur segment respectif. Leur destruction entraîne l'abolition des mouvements volontaires dans les appendices situés en arrière.

16. Le ganglion sous-œsophagien est le centre moteur et sensitif pour toutes les pièces masticatrices et les pattes mâchoires.

17. Le cerveau ou ganglion sus-œsopagien est sensible sur toutes ses faces comme les autres ganglions de la chaîne nerveuse, et contrairement à ce qui a lieu chez les Insectes, chez lesquels, selon M. Faivre, le cerveau est insensible.

18. Il joue le rôle de centre moteur et sensitif pour les appendices céphaliques (yeux, antennes).

19. Chaque moitié droite et gauche du cerveau agit sur la partie correspondante du corps.

20. Chaque portion de la chaîne agit également d'une manière directe sur le côté du corps qui lui correspond. Il n'y a pas d'entrecroisement dans le parcours des fibres nerveuses.

21. L'ablation du cerveau détermine des mouvements de culbute en avant qui proviennent d'un défaut d'équilibre résultant de l'insensibilité des appendices céphaliques et de la prédominance des mouvements des membres postérieurs.

22. Les mouvements qui persistent après l'ablation du cerveau, et qui dans certains cas ont un caractère de spontanéité, ne sont jamais coordonnés.

23. La lésion de l'un des lobes du cerveau provoque des mouvements de manège, du côté lésé vers le côté sain.

24. Le cerveau est le siège de la volonté et de la coordination des mouvements.

25. Le cerveau n'a pas d'action directe sur les mouvements du cœur.

26. Le cœur est innervé par un nerf simple (nerf de Lemoine) provenant du ganglion stomato-gastrique et par des fibres nerveuses (fibres de Dogiel) provenant des ganglions thoraciques.

27. Les mouvements du cœur sont accélérés par une excitation électrique portée sur les connectifs de l'anneau œsophagien, d'où le courant dérive sur le ganglion stomato-gastrique et le nerf cardiaque.

28. Ces mouvements sont retardés par l'excitation électrique des ganglions thoraciques.

29. Le cœur possède en outre des cellules nerveuses dans l'épaisseur de ses parois, ce qui explique comment cet organe peut continuer à battre isolément.

III

COMPOSITION CHIMIQUE DU SYSTÈME NERVEUX CHEZ LE HOMARD.

La chimie physiologique ne possède pas à notre connaissance de travaux sur la composition chimique du système nerveux des Arthropodes. Les données que nous avons acquises dans cette étude sont assurément très incomplètes. Elles ont été commencées à Roscoff et continuées à Genève. Nous devons des remerciements très particuliers à notre collègue et ami M. Walter, préparateur de chimie biologique à l'Université, pour l'aide qu'il nous a donnée dans les analyses.

Le Homard est l'animal qui par sa taille se prête le mieux à des recherches de ce genre, aussi est-ce à lui que nous les avons limitées·

La chaîne abdominale est très facile à découvrir entièrement dans un temps très court. Il faut cependant quelques soins en la séparant, pour ne pas entraîner avec elle des fragments des tissus environnants ni la briser en morceaux, ce qui augmente les chances d'erreur. Avec un peu d'habitude on réussit à l'enlever d'un seul trait depuis le ganglion anal jusqu'au cerveau.

Nous avons toujours coupé les nerfs irradiants aussi près que possible de leur racine, en sorte que les chiffres qui suivent ne concernent que la chaîne ganglionnaire proprement dite.

Nous reproduisons nos notes dans tous leurs détails.

Poids de la chaîne ganglionnaire chez le Homard. — I. Six Homards vivants sont rapportés du vivier ; ils sont séchés et pesés. Les poids sont : 350 grammes, 355 grammes, 352 grammes, 330 grammes, 346 grammes, 350 grammes, ce qui donne un poids moyen de 347^g,16.

On leur coupe tous les membres, pattes, pinces, etc., et deux heures plus tard ils sont immobiles et apparemment morts à la suite de la perte de sang. Le cœur bat cependant encore. La chaîne ganglionnaire est rapidement enlevée et portée sur un verre de montre dans une chambre humide jusqu'au moment de la pesée.

Première pesée faite sur trois chaînes ganglionnaires.

Poids du verre de montre et des trois chaînes. . . . . . .   8^g,800
—   —   sec. . . . .   6 ,700

Différence indiquant le poids de la chaîne pour 3 Homards.   1^g,900

Soit pour chaque Homard 0^g,6333.

Seconde pesée sur trois autres chaînes.

Poids du verre de montre avec les trois chaînes. . . . .   8^g,910
—   —   sec. . . . .   7 ,040

Différence donnant le poids de la chaîne pour 3 Homards.   1^g,870

Soit pour chaque Homard 0^g,6203.

Ce qui nous donne :

Moyenne du poids de la chaîne pour les six Homards, 0^g,6333 + 0^g,6203 = 0^g,6268.

Poids de la chaîne ganglionnaire par rapport au poids du corps des six Homards $\frac{347,160}{0^g,626} = 554$.

D'où nous concluons que le poids du système nerveux central par rapport au poids total est chez le Homard comme 1 : 554.

II. Nous reprenons les mêmes pesées sur six autres Homards pesant respectivement 320 grammes, 300 grammes, 350 grammes, 320 grammes, 335 grammes, 350 grammes. Total, 1 975 grammes. Moyenne du poids pour un individu, 329^g,16.

Nous ne faisons qu'une seule pesée comprenant les six chaînes nerveuses dans un même verre de montre.

$$
\begin{array}{lr}
\text{Poids du verre de montre avec les six chaînes nerveuses.} & 10^g,100 \\
\qquad — \qquad\qquad — \qquad \text{sec.} \dots\dots\dots\dots & 6\ ,525 \\
\hline
\text{Différence indiquant le poids total des six chaînes.} \dots & 3^g,575
\end{array}
$$

Soit pour chaque Homard 0^g,5959.

Ce qui donne :

Poids de la chaîne ganglionnaire par rapport au poids total du corps, $\dfrac{329{,}16}{0{,}5959} = 552$, c'est-à-dire que pour chaque Homard le poids du système nerveux central par rapport au poids du corps est comme 1 : 552.

Ces deux résultats concordent d'une manière remarquable, toutefois nous ne devons pas leur accorder une trop grande valeur absolue et il serait dangereux de les généraliser, car dans quelques pesées isolées, qu'il est superflu de rapporter ici, le rapport n'est pas demeuré le même. C'est ainsi qu'il s'est trouvé de 1 à 583 chez un gros Homard du poids de 840 grammes. Il est bien évident qu'une foule de causes, parmi lesquelles il faut citer le temps écoulé depuis la dernière mue, doivent influer sur ces rapports.

Quoi qu'il en soit, il nous semble qu'on peut dire que chez les Homards le poids du système nerveux central par rapport au poids du corps est de $\dfrac{1}{500}$ à $\dfrac{1}{600}$, sans préjudice de ce qu'il est chez les autres Crustacés, où les variations doivent être très grandes. Il est probable, par exemple, que chez les Brachyures la fraction qui exprime ce rapport est beaucoup plus grande et que le poids du système nerveux central d'un gros Tourteau par rapport au poids de son corps est moindre que chez le Homard.

Nous n'avons pas pratiqué de pesées spéciales du cerveau chez le Homard ; nous rappelons cependant à ce propos que M. Faivre, dans le cours de ses recherches physiologiques sur le Dytisque, a trouvé que chez cet insecte le cerveau pèse 0^g,005 et que le poids de cet organe par rapport au poids de son corps est comme 1 à 360 ;

chiffre dans tous les cas beaucoup plus élevé qu'il ne le serait chez le Homard [1].

Dosage de l'eau. — La chaîne ganglionnaire du Homard renferme plus de quatre cinquièmes de son poids d'eau. Ce fait ressort de plusieurs pesées dont nous citerons la suivante à titre d'exemple :

La chaîne ganglionnaire est enlevée sur trois Homards de petite taille. Elle est reçue dans un verre de montre sous une chambre humide. Après les pesées, le verre de montre est transporté dans une étuve dont la température n'excède pas 70 degrés et où il demeure quarante-huit heures. Puis on le laisse encore trois jours dans l'exsiccateur. Il ne perd pas de son poids.

```
Poids du verre de montre et de la substance humide...   8ᵍ,910
   —            —            —          desséchée..   7 ,356
                                                      ─────────
Différence indiquant le poids de l'eau...........   1ᵍ,554
La substance nerveuse humide pesait.......   1ᵍ,870
Poids de l'eau.....................   1 ,554
                                                      ─────────
Poids de la substance desséchée..........   0ᵍ,316
```

Ce qui, ramené à 1 *gramme de substance, donne* 0ᵍ, 831 *d'eau,* résultat exactement confirmé par plusieurs pesées faites sur différentes doses de substance nerveuse.

Dosages des substances solubles dans l'alcool et l'éther. — Nous avons suivi dans ce dosage la méthode enseignée par Hoppe-Seyler.

1ᵍ,90 de substance nerveuse fraîche est découpé en petits fragments et introduit dans environ 100 centimètres cubes d'un mélange d'alcool et d'éther à égale portion. Il se produit d'abord un léger trouble dû probablement à la précipitation de la substance albuminoïde du sang, dont on ne peut jamais débarrasser complètement la chaîne ganglionnaire. Après un séjour de quarante-huit heures, pendant lequel le flacon est fréquemment agité, on filtre le liquide, qui est reçu dans un petit vase à analyse exactement pesé, puis on l'évapore dans une étuve à une température de 40 à 50 degrés. Lorsque tout le dissolvant est évaporé, il reste au fond du vase une substance brunâtre, épaisse, d'apparence grasse, sur laquelle nous reviendrons bientôt. Nous donnons ici les chiffres de l'analyse :

```
Poids du vase sec................   25ᵍ,290
   —       —     après évaporation........   25 ,368
                                            ─────────
Différence...................   0ᵍ,078
```

[1] Faivre, *Ann. des sc. nat.*, 4ᵉ série, t. IX, 1858, p. 26.

chiffre indiquant la quantité de substances solubles dans l'alcool et l'éther pour 1ᵍ,90 de substance nerveuse, ce qui donne 41 milligrammes pour 1 gramme.

Dans une autre analyse portant sur 3ᵍ,575 de substance nerveuse, nous avons obtenu un résultat sensiblement plus élevé, c'est-à-dire 49 milligrammes par gramme. La valeur de ces chiffres n'est par conséquent qu'approximative et demande vérification.

Substances insolubles.—Le résidu insoluble dans le mélange d'alcool et d'éther est soigneusement lavé à l'eau distillée, puis desséché dans l'étuve et dans l'exsiccateur, jusqu'à poids constant. On opère sur 0ᵍ,4386 de substance[1] ; elle est incinérée dans un creuset de platine. Pendant l'incinération, il se dégage une forte odeur de corne brûlée, due à la combustion de la matière organique. Il reste 0ᵍ,0114 de cendres. Le poids des substances protéiques insolubles dans l'alcool et l'éther est par conséquent de 0ᵍ,4272.

Les acides qui ont été constatés dans les cendres sont : acide phosphorique, acide carbonique et des traces d'acide sulfurique.

Les alcalis étaient : la chaux et la magnésie, en principale proportion, et de petites quantités de potasse, de soude et de fer.

Nous pouvons résumer de la manière suivante la composition chimique de la substance nerveuse. Elle renferme sur 1 000 parties[2] :

```
Eau. . . . . . . . . . . . . . . . . . . . . . . . .   831
Substances solubles dans l'alcool et l'éther. . . . .    41
      —      protéiques insolubles. . . . . . . . . .   124
Cendres. . . . . . . . . . . . . . . . . . . . . . .     4
                                                      ─────
                                                       1000
```

Le résidu de l'évaporation du mélange d'alcool et d'éther est une substance brunâtre, se présentant sous forme de gouttelettes visqueuses, quelquefois indistinctement cristallisées. Sous le microscope, ces gouttelettes montrent quelquefois un double contour, et se colorent en noir ou brun foncé sous l'action de l'acide osmique. Nous n'avons pas eu à notre disposition une quantité de substance suffisante pour l'étudier d'une manière détaillée. C'est en vain que nous y avons cherché de la cholestérine ; par contre, la réaction phosphorée de la lécithine a été obtenue distinctement.

---

[1] Cette analyse est due à M. Walter.

[2] Nous ne donnons ces chiffres que comme approximatifs. Des analyses portant sur de plus grandes quantités de substance nerveuse devront les vérifier.

En terminant ce travail, je tiens à adresser mes sincères remerciements à mes savants amis M. le docteur Léon Frédéricq, préparateur
à l'Université de Gand, et M. A. de Korotneff, agrégé à l'Université de
Moscou, pour la complaisance qu'ils ont mise à m'aider de leurs conseils pendant leur séjour à Roscoff.

EXPLICATION DES PLANCHES.

PLANCHE XXVII.

Fig. 1. *a*. Trois cellules apolaires et monopolaire provenant du ganglion thoracique du *Maia squinado* examinées dans l'eau distillée.
   b. Cellule monopolaire, régulièrement ovoïde, du ganglion thoracique du
   Portunus puber.
   c. Cellule bipolaire du cerveau de *Cancer menas*.
 2. *a*, *b*, *c*. Cellules du ganglion cérébroïde du *Cancer menas*. Leur noyau est
légèrement coloré en rose après un court séjour dans une faible solution
de picro-carminate d'ammoniaque. On peut constater que les deux prolongements de la cellule *c* ne sont pas d'égal diamètre.
 3. Large fibre nerveuse provenant de la chaîne abdominale du *Homard*. Elle
est représentée en *a* à l'état frais dans le sang de l'animal, son contenu
est parfaitement homogène; en *b*, il est devenu complètement granuleux
à la suite d'addition d'eau distillée; *n*, noyaux granuleux; *p*, plis légers
de l'enveloppe du tube.
 4. Fibre étroite de la chaîne abdominale du Homard, dessinée à l'état frais.
 5. Fibres provenant de l'un des nerfs de l'anneau œsophagien du *Maia squinado*, observées dans de l'eau légèrement glycérinée. Le protoplasma
s'est contracté par l'action de la glycérine, ce qui met bien en évidence
l'enveloppe du tube nerveux à laquelle restent attachés les noyaux. En *a*,
la substance nerveuse s'est régulièrement contractée et pourrait simuler
un large cylindre-axe; en *b*, elle ne s'est séparée de l'enveloppe que
d'un côté.
 6. Fibre étroite à double contour, prise dans un nerf de l'anneau œsophagien
du *Cancer menas*.
 7. Groupe de cellules ganglionnaires provenant du onzième ganglion du
Homard, dessiné à l'état frais. On y voit des grandes et des petites cellules, des cellules mono et apolaires. Chaque cellule est entourée d'une
gaine conjonctive épaisse. Schieck. Oc. 0. Obj. 8.
 8. Différentes formes des noyaux de tubes nerveux provenant de l'anneau
œsophagien du *Maia squinado*. En *c*, on voit dans la substance du
noyau un espace ovalaire réfringent. Hartnack. Oc. 1. Obj. 10 imm.
 9. *a*. Corpuscules amylacés observés dans le cerveau du *Cancer menas*.
   b. Gouttelettes de substance nerveuse, sorties d'un tube à la suite d'une
   pression mécanique. Observées dans l'eau. Schieck. Oc. 0. Obj. 7.
10. Cellule géante du ganglion thoracique du *Tourteau* (*Cancer paragus*); elle
est nettement striée longitudinalement. *c*, étui conjonctif; *e*, enveloppe

de la cellule; *g*, contenu granuleux ; *n*, nucléus ; *n'*, nucléole. Hartnack.
Oc. 1. Obj. 10 imm.

FIG.   11. Cellule tripolaire du cerveau de *Maia squinado*:*e*, envelop pe ; *n*, nucléus;
n', nucléoles multiples. Schieck. Oc. 0. Obj. 4.

PLANCHE XXVIII.

FIG.   1. Tissu conjonctif du névrilème externe de la chaîne abdominale du *Homard*.
t, tissu amorphe finement granuleux et strié longitudinalement. Il est
parcouru par des fibres élastiques *f* se colorant fortement dans le picro-
carminate d'ammoniaque, et il s'y montre des noyaux *n* irrégulièrement
distribués. Schieck. Oc. 0. Obj. 7.

2. Coupe transversale de la chaîne abdominale du *Homard*. *ne*, névrilème
externe, solide et compact ; *ni*, névrilème interne, lâche ; *c*, lame de tissu
conjonctif divisant la moelle en deux moitiés égales ; *t*, coupe des tubes
nerveux étroits à simple contour ; *t'*, tubes nerveux larges à double contour. Schieck. Oc. 0. Obj. 4.

3. Coupe transversale de l'un des faisceaux de l'anneau œsophagien du
Homard. *ne*, névrilème externe ; *ni*, névrilème interne ; *c*, contenu
de fibres nerveuses larges et étroites, irrégulièrement mélangées.
Schieck. Oc. 0. Obj. 4.

4. Coupe transversale de la chaîne abdominale de l'*Ecrevisse* entre le troisième et le quatrième ganglion abdominal. On y remarque une disposition analogue à celle du Homard; le faisceau conjonctif qui la sépare en
deux moitiés est très épais. Les tubes nerveux sont aplatis de haut en
bas par suite du mode de préparation. Plusieurs ont conservé leur contenu, qui s'est ratatiné pendant le durcissement ; on l'aperçoit coloré en
rose par le picro-carminate d'ammoniaque *o*. Schieck. Oc. 0. Obj. 4.

5. Coupe longitudinale du nerf de l'anneau œsophagien au point où s'en dé
tache le nerf stomato-gastrique. Le névrilème se continue directement
sur le nerf irradiant sans pénétrer dans la masse des tubes nerveux.
Schieck. Oc. 0. Obj. 7.

6. Coupe transversale d'un ganglion abdominal de l'*Ecrevisse*.
I, face inférieure. *S*, face supérieure.
n, névrilème; *cc*, couche cellulaire; *t*, coupe des tubes nerveux passant sur
la face supérieure sans s'arrêter dans le ganglion ; *d*, fibres de la commissure inférieure; *b*, commissure moyenne; *m*, commissure supérieure.
Schieck. Oc. 0. Obj. 4.

7. Cellules pigmentaires étoilées du névrilème externe de la chaîne abdominale de la *Ligia oceanica*.

8. Cellules pigmentaires du névrilème externe de la chaîne abdominale du
Palemon serratus. Ces cellules sont naturellement colorées en brun
violacé.

PLANCHE XXIX.

FIG.   1. Coupe frontale et postérieure du cerveau de *Cancer menas*. Schieck. Oc. 0.
Obj. 2.
ne, névrilème externe.
nl, nerf des antennes externes coupé longitudinalement.
cg, couche de noyaux ganglionnaires. Cette masse, observée sous un plus
fort grossissement, se montre composée de noyaux se colorant fortement
par le carmin (*Kernlager* des auteurs allemands).

cm. masse supérieure de la substance médullaire. Cette masse est simple
dans sa partie centrale, comme le montre la figure 2, dessinée d'après
une coupe plus antérieure.

cm', masse inférieure de la substance médullaire.

p, faisceau fibreux homologue de la poutre (Balken) du cerveau des Insectes.

cs, commissure supérieure.

ci, commissure intermédiaire.

ci', commissure inférieure.

f, faisceau conjonctif divisant le cerveau en deux moitiés symétriques.

o, masse de cellules ganglionnaires reposant sur la base du cerveau.

g, grandes cellules ganglionnaires occupant le bord supérieur interne de
la masse médullaire supérieure.

p', masse médullaire de forme ovoïde située à la racine des nerfs de la
commissure œsophagienne.

FIG.   2. Le corps médullaire et la couche de noyaux ganglionnaires tels qu'ils se
présentent sur une coupe verticale de la région moyenne du cerveau de
Cancer menas.

m, masse médullaire réniforme.

cg, couche de noyaux ganglionnaires.

g, grandes cellules ganglionnaires sur le bord interne de la masse médullaire.

c, lamelle conjonctive enveloppant la substance médullaire et envoyant des
prolongements dans son intérieur.

f, faisceaux fibreux prenant naissance probablement dans la couche de
noyaux ganglionnaires et se réunissant en un gros faisceau *s* après avoir
traversé dans tous les sens la masse médullaire.

   3. Coupe verticale et postérieure du ganglion thoracique chez *Cancer paragus.* Schieck. Oc. 8. Obj. 2.

I, face inférieure.

S, face supérieure.

gg', grandes cellules ganglionnaires accumulées sur les faces inférieure et
supérieure, aux points de fusion des ganglions primitivement distincts.

cg, couche externe de grandes cellules ganglionnaires.

t, coupe des tubes nerveux très minces se prolongeant dans la masse ganglionnaire.

ne, névrilème externe.

ni, névrilème interne.

cm, commissure moyenne.

ci, commissure inférieure.

PLANCHE XXX.

FIG.   1. Coupe verticale et frontale du cerveau de *Cancer menas*, montrant, sous
un fort grossissement, la structure du corps médullaire et de la couche
de noyaux ganglionnaires.

cm, corps médullaire.

cg, couche de noyaux ganglionnaires (Kernlager).

g, grandes cellules ganglionnaires sur le bord interne de la substance
médullaire.

nae, nerf des antennes externes coupé longitudinalement.

134 ÉMILE YUNG.

> *c*, lamelle conjonctive enveloppant la masse médullaire et envoyant dans
> son intérieur des prolongements qui la divisent en portions cubiques.
> *ne*, névrilème externe.
> *ni*, névrilème interne.

Fig. 2. Cerveau de l'*Ecrevisse* vu par sa face supérieure dans de l'eau légèrement
> glycérinée.
> *ma*, mamelon antérieur ; sa division en deux nodosités est légèrement in-
> diquée.
> *mp*, mamelon postérieur.
> *ml*, mamelons latéraux.
> *no*, nerfs optiques.
> *nai*, nerfs des antennes internes.
> *nae*, nerfs des antennes externes.
> *ae*, nerfs de l'anneau œsophagien.

3. Cerveau de l'*Ecrevisse* vu par sa face inférieure ; les mamelons sont beau-
> coup plus accusés que sur la face supérieure.
> *ma*, mamelons antérieurs.
> *ml*, mamelons latéraux.
> *no*, nerfs optiques.
> *nai*, nerfs des antennes internes.
> *nae*, nerfs des antennes externes.
> *ae*, nerfs de l'anneau œsophagien.

4. Coupe verticale de la région postérieure et inférieure du ganglion anal de
> l'*Ecrevisse*, montrant la masse des grandes cellules ganglionnaires ali-
> mentant le nerf de Lemoine.
> *c*, grandes cellules ganglionnaires sur la ligne médiane du ganglion

5. Coupe horizontale du cerveau de l'*Ecrevisse*. Dessin schématique em-
> prunté au mémoire cité de Dietl (voir ce mémoire, pl. XXVII, fig. 24).
> Hartnack. Oc. 3. Obj. 2.
> *Bo*, nodosité antennaire avec sa couche médullaire.
> *na*, nerf antennaire.
> *ac*, nerf acoustique.
> *opt*, nerf optique.
> *a*, masse médullaire supérieure située dans le mamelon latéral.
> *b*, masse médullaire inférieure située dans le même mamelon.
> *gk*, couche de noyaux ganglionnaires (Kernlager).
> *c*, faisceau de fibres sortant de la nodosité latérale.
> *sc*, nerfs de l'anneau œsophagien.
> 1, pont de substance conjonctive dans le cerveau.
> 2, couché de cellules ganglionnaires à la partie antérieure du cerveau.
> 3, faisceau de fibres nerveuses dans le nerf optique, branche antérieure du
> chiasma.
> 4, couche médullaire située à l'origine du nerf optique.
> 5, chiasma.
> 6, couche médiane de cellules nerveuses à l'origine des nerfs de l'anneau
> œsophagien.
> 7, couche située latéralement de l'anneau œsophagien.

Paris. Typographie A. Hennuyer, rue d'Arbol, 7.

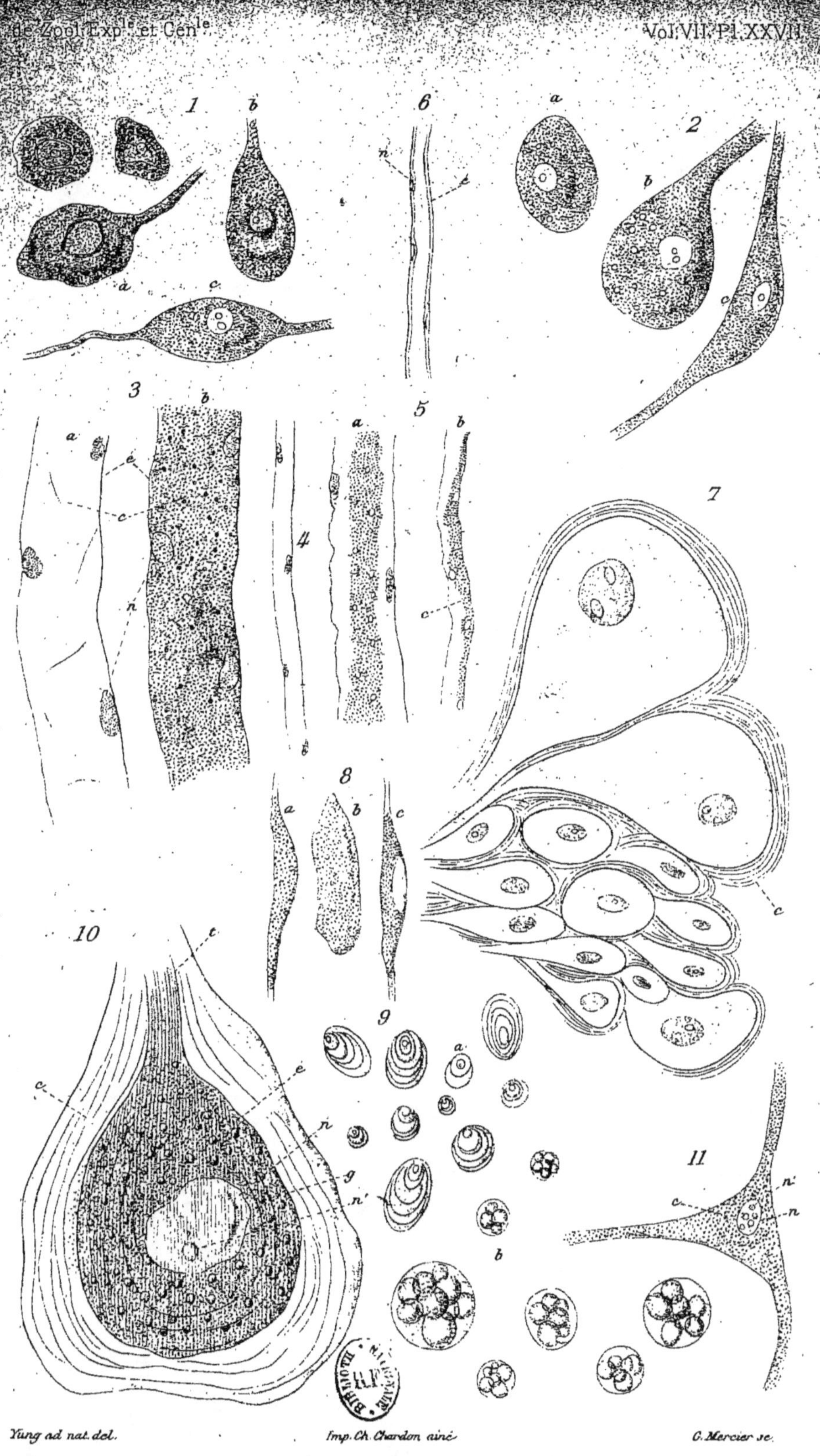

Yung ad nat. del.   Imp. Ch. Chardon ainé   G. Mercier sc.

DECAPODES_SYSTÉME NERVEUX_(Histologie.)

Librairie Reinwald

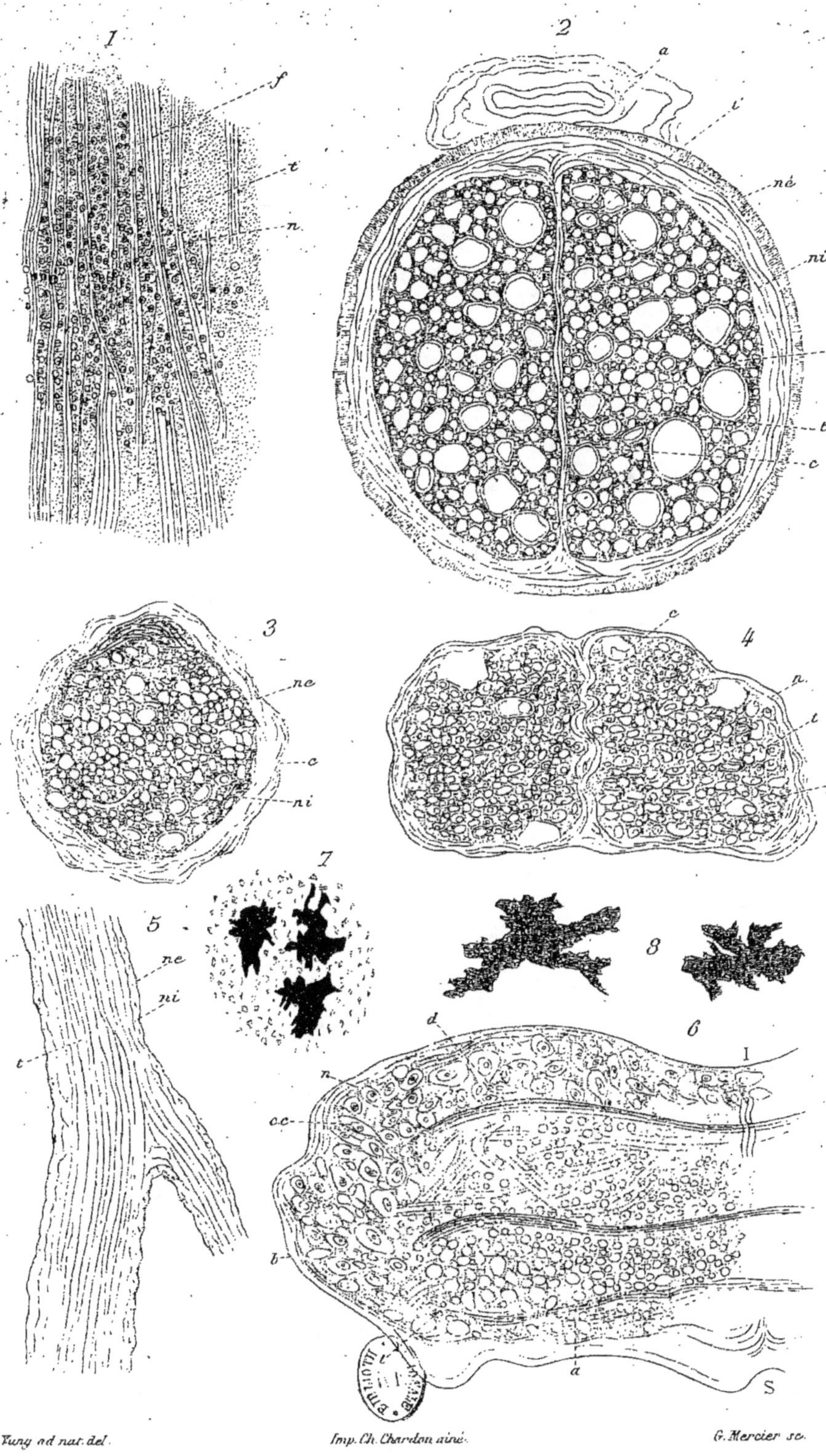

DECAPODES _ SYSTÊME NERVEUX _ (Histologie)

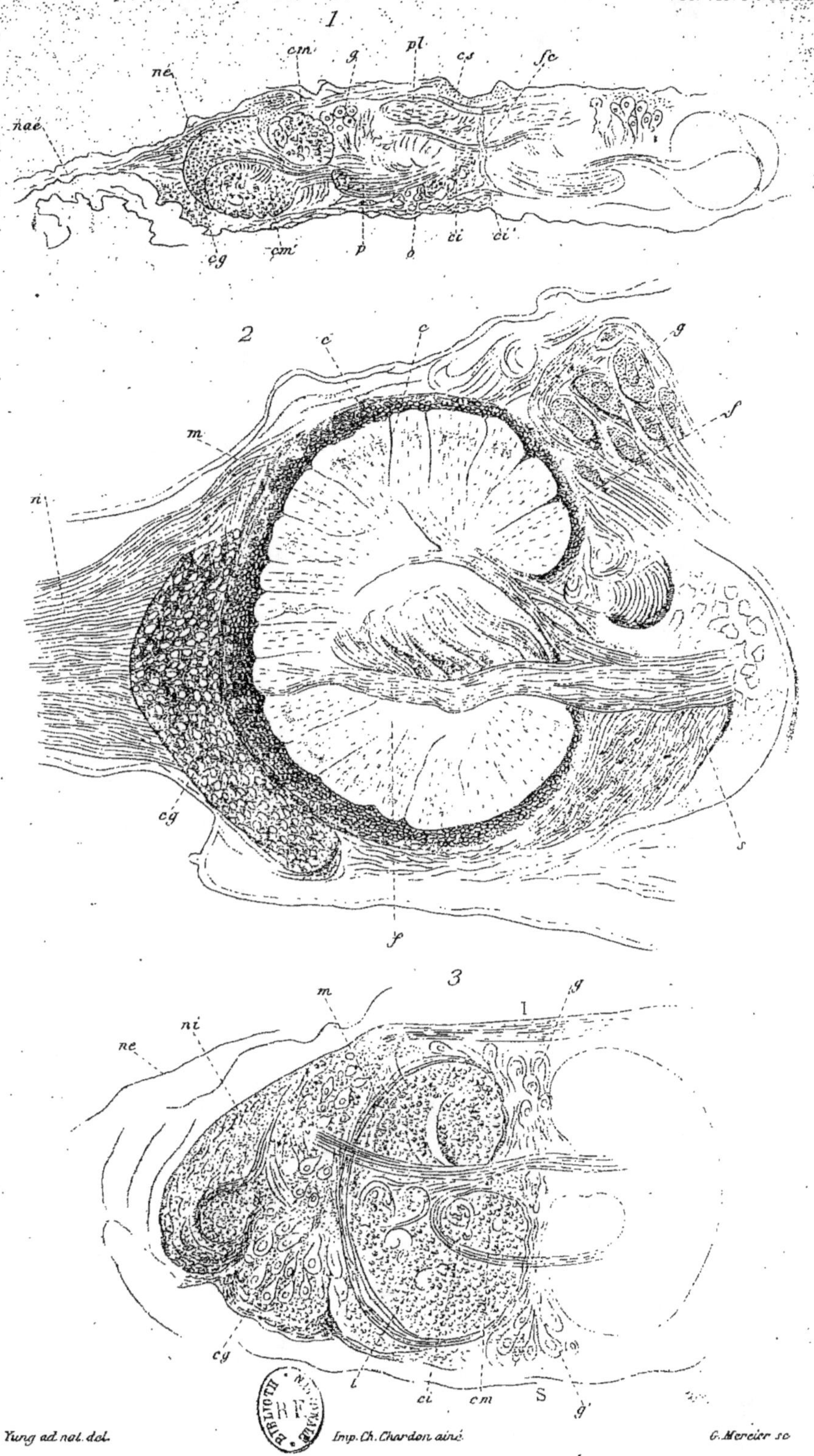

Yung ad nat. del.   Imp. Ch. Chardon ainé   G. Mercier sc.

DECAPODES — SYSTÈME NERVEUX — (Histologie.)

Librairie Reinwald

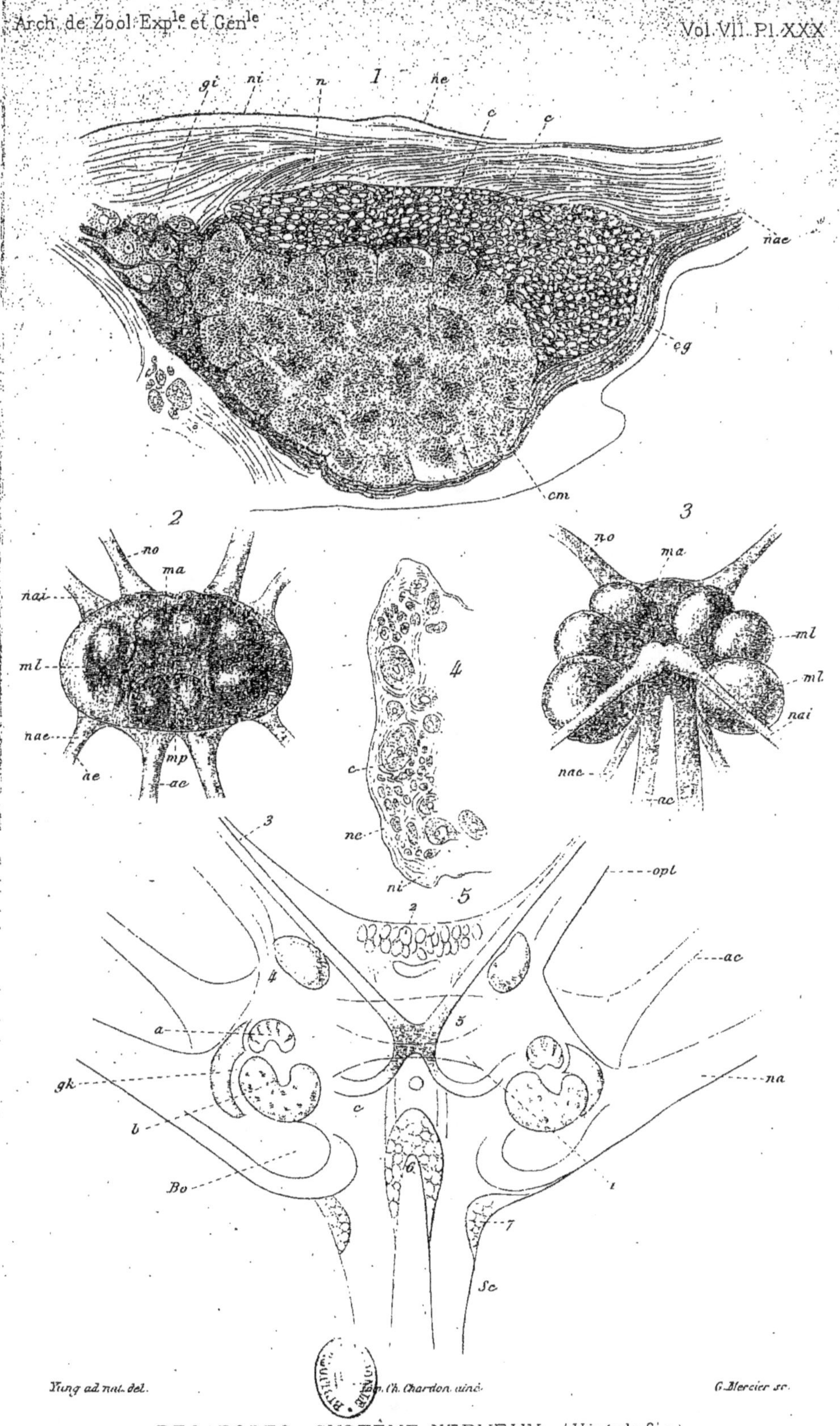

DECAPODES — SYSTÈME NERVEUX — (Histologie.)